新时代大学计算机通识教育教材

吴宁 主编

微型计算机原理与接口技术题解及实验指导

第5版

U0198195

清华大学出版社

北京

内 容 简 介

本书是与清华大学出版社出版的新形态教材《微型计算机原理与接口技术》(第5版)配套使用的题解及实验指导书。全书分为上篇和下篇。上篇是主教材习题及解答,涵盖了主教材中全部习题的详细分析和解释,为部分开放性综合设计题目提供了解题思路和设计方法讲解视频,读者可以通过扫描书中的二维码观看、参考。同时,通过书中提供的链接也可关联到覆盖本课程全部主体内容的练习题库。下篇是微机原理与接口技术实验指导,共6章。包含软硬件实验环境、指令集与汇编语言程序设计、综合程序设计、存储器与简单I/O接口设计、可编程数字接口电路设计以及模拟接口设计等16项实验,并从第12章起,每章给出了一个典型设计案例,作为拓展内容。

本书既是主教材配套的习题解答与实验操作指导,也可作为普通高等院校学习计算机硬件类课程的实验指导书。可帮助读者更深入地理解和掌握教材内容,提高独立思考、分析和解决问题的能力。

图书在版编目(CIP)数据

微型计算机原理与接口技术题解及实验指导/吴宁主编. —5版. —北京:清华大学出版社,2023.8
新时代大学计算机通识教育教材
ISBN 978-7-302-63952-7

Ⅰ.①微…　Ⅱ.①吴…　Ⅲ.①微型计算机-理论-高等学校-教学参考资料 ②微型计算机-接口技术-高等学校-教学参考资料　Ⅳ.①TP36

中国国家版本馆CIP数据核字(2023)第117033号

责任编辑:谢　琛
封面设计:常雪影
责任校对:郝美丽
责任印制:丛怀宇

出版发行:清华大学出版社
　　　　网　　　址:http://www.tup.com.cn,http://www.wqbook.com
　　　　地　　　址:北京清华大学学研大厦A座　　　　　　邮　　编:100084
　　　　社 总 机:010-83470000　　　　　　　　　　　　邮　　购:010-62786544
　　　　投稿与读者服务:010-62776969,c-service@tup.tsinghua.edu.cn
　　　　质量反馈:010-62772015,zhiliang@tup.tsinghua.edu.cn
　　　　课件下载:http://www.tup.com.cn,010-83470236
印 装 者:三河市龙大印装有限公司
经　　销:全国新华书店
开　　本:185mm×260mm　　　印　　张:12.25　　　字　　数:300千字
版　　次:2003年8月第1版　2023年8月第5版　　印　　次:2023年8月第1次印刷
定　　价:39.00元

产品编号:099383-01

前　言

本书是在 2018 年出版的《微型计算机原理与接口技术题解及实验指导》(第 4 版)的基础上修订完成的。全书分为上篇和下篇。上篇是《微型计算机原理与接口技术》(第 5 版)主教材各章习题的详细解析。下篇是微机原理与接口技术实验指导,全部实验内容都按照由基础性到综合性进行递增设计。

党的二十大报告指出,要加快建设网络强国、数字中国。数字中国建设是数字时代推进中国式现代化的重要引擎,是构筑国家竞争新优势的有力支撑。作为与国家级线上一流课程协同建设的《微型计算机原理与接口技术》(第 5 版)新形态教材配套的实验指导书,本次再版做了较大的修改。主要有:

(1)将纸质教材与各类数字资源融合,形成了线上线下融合的新形态教材。在文字描述的基础上,通过书中的二维码可以实现与综合设计示例详解、程序调试方法等线上实验教学视频的关联。通过链接,也可以关联到覆盖课程的全部主体内容和详细解析的练习题库。

(2)随着计算机技术的快速发展,第 4 版中的 32 位实验环境已难以满足当前教学需求。基于多年相关课程的理论与实践教学体会,本次修订,在实验指导部分讲述了 64 位操作系统环境下的汇编语言程序设计环境和硬件仿真实验平台的搭建方法,使读者在进行实验之前能够先熟悉实验环境,清楚基本的操作流程。

(3)硬件实验需要基于某个具体型号的物理实验平台,作为教材,如此则缺乏了一定的通用性。随着信息技术的发展,虚拟仿真技术已越来越多地应用于各个领域。本次再版,对译码电路、存储器接口、I/O 接口设计等硬件实验内容,全部采用了基于虚拟仿真环境的实验设计,从而使教材具有更加宽泛的适用性。

(4)结合主教材结构,本次修订对第 4 版的内容进行了重新组织。分别按照指令集与顺序结构程序设计、汇编语言综合程序设计、存储器及译码电路设计、数字接口电路和模拟接口电路等知识模块设计不同层次的实验内容。为帮助读者拓展设计思路,提升综合设计能力,本书从第 12 章起,在每章的最后一节给出了一个具有一定探究性的典型设计案例。这些案例既可以作为对课程学习内容的融会贯通,也可以辅助部分专业的研究生考试复习。

(5)结合实际教学体验,针对部分学习者对编程中出现的错误缺乏解决方法等问题,结合附录 A 中的宏汇编程序调试环境介绍,用视频讲述了程序设计的一般过程和调试方法。以帮助读者在验证型实验基础上,提升综合运用所学知识解决具体问题的能力,解决程序调试中遇到的困惑。

作为线上线下融合的新形态教材,该书不仅是主教材配套的习题解答与实验操作指导,还配套了包括部分开放式习题讲解、程序调试方法和部分综合设计示例讲授视频,以及详细解释的练习题库等丰富数字资源。可帮助读者更深入地理解和掌握教材内容,提高独立思考、分析和解决问题的能力。

　　本书的修订得到了西安交通大学陈文革教授、夏秦副教授、闫相国教授等多位教师的大力支持和帮助,借此表示衷心的感谢。受学识所限,书中难免有不妥之处,敬请同行和各位读者批评指正。

作　者
2023 年 3 月于西安交通大学

目　　录

上篇　主教材习题及解答

下篇 微机原理与接口技术实验指导

上篇

主教材习题及解答

本书上篇是主教材各章习题的解答。针对第9章部分开放性的综合设计题目,作者录制了解题思路和具体设计的讲解视频。读者可以通过扫描二维码观看、参考。

第1章　微型计算机基础

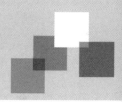

1.1　计算机中常用的数制有哪些？

解：二进制、八进制、十进制（BCD）、十六进制。

1.2　简述计算机硬件主要由哪些部件构成。

解：计算机硬件系统可以分为主机和外围设备两大类。由于外围设备的多样性，故硬件系统有时也特指主机系统，主要包括处理器（CPU）、存储器（主要指内存）、总线、I/O接口。

1.3　说明并行执行与并发执行的区别。

解：并发执行是指多项任务在一个时间段内同时执行，并行执行是指多项任务在一个时间点上同时执行。并发执行是通过操作系统的进程管理实现，并行执行则需要多个物理部件（如多个处理器）的支持。

1.4　说明总线的主要功能。从传送信息类型上，总线可分为哪几类？

解：总线的主要功能包括数据传送、总线仲裁、总线驱动和出错处理。从传送信息的类型上，总线可以分为地址总线、数据总线和控制总线三大类。

1.5　完成下列数制的转换。

（1）10100110B＝（　　　）D＝（　　　）H。

（2）0.11B＝（　　　）D。

（3）253.25＝（　　　）B＝（　　　）H。

（4）1011011.101B＝（　　　）H＝（　　　）$_{BCD}$。

解：

（1）166，A6

（2）0.75

（3）11111101.01，FD.4

（4）5B.A，（1001 0001.0110 0010 0101）

1.6　8位和16位二进制数的原码、补码和反码可表示的数的范围分别是多少？

解：原码（−127～＋127），（−32767～＋32767）

　　　反码（−127～＋127），（−32767～＋32767）

　　　补码（−128～＋127），（−32768～＋32767）

1.7　写出下列真值对应的原码和补码的形式。

（1）$X=-1110011B$。

（2）$X=-71D$。

（3）$X=+1001001B$。

解：(1) 原码：11110011 补码：10001101

(2) 原码：11000111 补码：10111001

(3) 原码：01001001 补码：01001001

1.8　写出符号数 10110101B 的反码和补码。

解：$[10110101B]_反=11001010B$

$[10110101B]_补=11001011B$

1.9　已知 X 和 Y 的真值,求$[X+Y]_补$。

(1) $X=-1110111B,Y=+1011010B$。

(2) $X=56,Y=-21$。

解：

(1) $[X]_原=11110111B$　$[X]_补=10001001B$

$[Y]_原=[Y]_补=01011010B$

所以$[X+Y]_补=[X]_补+[Y]_补=11100011B$

(2) $[X]_原=[X]_补=00111000B$

$[Y]_原=10010101B$　　$[Y]_补=11101011B$

所以$[X+Y]_补=[X]_补+[Y]_补=00100011B$

1.10　已知 $X=-1101001B,Y=-1010110B$,用补码方法求 $X-Y$。

解：$[X-Y]_补=[X+(-Y)]_补=[X]_补+[-Y]_补$

$[X]_原=11101001B,[X]_补=10010111B$

$[-Y]_原=01010110B=[-Y]_补$

所以$[X-Y]_补=[X]_补+[-Y]_补=11101101B$

由于$[X-Y]_补$是负数,所以 $X-Y\neq-1101101$,需要对$[X-Y]_补$再取补码,才能获得其真值。

所以 $X-Y=[[X-Y]_补]_补=10010011=-0010011=-19$

1.11　若给字符 4 和 9 的 ASCII 码加奇校验,应是多少? 若加偶校验呢?

解：因为字符 4 中的 1 为奇数个,字符 9 中的 1 为偶数个,所以加奇校验时分别为 34H、B9H。加偶校验时分别为 B4H、39H。

1.12　若与门的输入端 A、B、C 的状态分别为 1、0、1,则该与门的输出端是什么状态? 若将这 3 位信号连接到或门,那么或门的输出又是什么状态?

解：由"与"和"或"的逻辑关系知,若"与"门的输入端有一位为 0,则输出为 0;若"或"门的输入端有一位为 1,则输出为 1。

所以,当输入端 A、B、C 的状态分别为 1、0、1 时,与门输出端的状态为 0;而或门的输出为 1。

1.13　要使与非门输出 0,则与非门输入端各位的状态应该是什么? 如果要使与非门输出 1,其输入端各位的状态又应该是什么?

解：要使与非门输出 0,则与非门输入端各位的状态应全部是 1;若使与非门输出 1,其输入端任意一位为 0 即可。

1.14　如果 74LS138 译码器的 C、B、A 3 个输入端的状态为 011,此时该译码器的 8 个输出端中哪一个会输出 0?

解：Y_3 将会输出 0。

1.15 图 1-1 中，Y_1、Y_2、Y_3 的状态分别是什么？73LS138 译码器的哪一个输出端会输出低电平？

解：$Y_1=0$，$Y_2=1$，$Y_3=1$

因为 74LS138 译码器的输入端 C、B、A 的状态分别为 110，所以 Y_6 端会输出低电平。

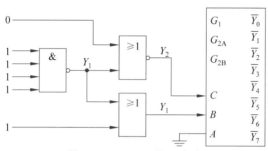

图 1-1　74LS138 译码电路

第 2 章　微处理器技术

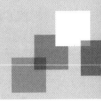

2.1　填空题

1. 某微处理器的地址总线宽度为 36 位,则它能直接访问的物理地址空间为(2^{36} / 64G)B。

解:36 位地址可以直接产生 2^{36} =64G 个地址编码。

2. 在 8088/8086 系统中,一个逻辑分段最大为(64K)B。

解:8088/8086 是 16 位体系结构的处理器,能够直接产生 2^{16} =64K 个编码。

3. 在 80x86 实地址方式下,若已知 DS=8200H,则当前数据段的最小地址是(82000) H,最大地址是(91FFF)H。

解:已知段地址,则可直接获取段首地址。由于一个逻辑段默认容量为 64KB,故段内最后一个单元的偏移地址是 FFFFH。

4. 已知存储单元的逻辑地址为 1FB0H:1200H,其对应的物理地址是(20D00)H。

解:已物理地址=段基地址×16+偏移地址。

5. 若 CS=8000H,则当前代码段可寻址的存储空间的范围是(80000H～ 8FFFFH)。

解:段首地址=段基地址左移 4 位,段首与段尾就构成了一个逻辑段的地址范围。

6. 在 8088/8086 系统中,一个基本的总线周期包含(4)个时钟周期。

解:一个总线周期通常包含 4 个时钟周期,当 T3 时刻 CPU 采样到外部同步控制信号 READY 端为低电平时,会自动插入 1 个时钟周期(等待周期),直到 READY 为高电平。

7. 在保护模式下,段地址存放于(段描述表)中。

解:保护模式下段地址存放在段描述符表中,段寄存器中存放描述符的选择符。

8. 多任务系统通常定义了一个比其拥有的物理内存大得多的地址空间,因此需要通过(分页)将线性地址空间虚拟化。

解:详见主教材 2.4.3 节。

9. ARM 中的存储管理采用页式虚拟存储管理。它是将虚拟地址和物理地址都划分为若干页,要求虚拟地址空间中的页和物理地址空间中的页大小要(相同)。

解:详见主教材 2.5.3 节关于 MMU 的描述。

10. 鲲鹏 920 处理器片上系统采用(3)级高速缓存结构。

解:详见主教材 2.5.5 节的图 2-30。

2.2 简答题

1. 什么是多核技术？多核和多处理器的主要区别是什么？

解：多核处理器是指在单枚处理器芯片上集成两个或多个完整的计算引擎（内核），而多处理器是指多枚处理器芯片。

在多核处理器中，操作系统将芯片上的每个执行内核作为分立的逻辑处理器，通过在每个执行内核间进行任务划分，以达到在特定时钟周期内执行更多任务的目的。

在单核处理器系统中，每个 CPU 都需要有较为独立的电路支持，它们之间的通信需要通过总线进行。对多核处理器系统，多核之间通过芯片内部总线进行通信，共享内存，且只需要一套控制电路支持。

多核技术的开发源于单核芯片在高速执行中会产生过多热量且无法带来性能上相应的改善。

2. 说明 8088CPU 中 EU 和 BIU 的主要功能。在执行指令时，EU 能直接访问内存吗？

解：执行单元 EU 的主要功能是：执行指令，分析指令，暂存中间运算结果并保留结果的特征。

总线接口单元 BIU 的主要功能是：负责 CPU 与存储器、I/O 接口之间的信息传送。

在执行指令时，BIU 负责直接访问内存。EU 不直接访问内存。

在 8088/8086CPU 中，EU 和 BIU 可以并行工作。BIU 预先从内存中取出并放入指令预取队列，EU 需要执行的指令可以从指令预取队列中获得。在 EU 执行指令的同时，BIU 可以访问内存，取下一条指令或指令执行时需要的数据。

3. 总线周期中，何时需要插入 T_w 等待周期？插入 T_w 周期的个数，取决于什么因素？

解：在每个总线周期 T_3 的开始处若 READY 为低电平，则 CPU 在 T_3 后插入一个等待周期 T_w。在 T_w 的开始时刻，CPU 还要检查 READY 状态，若仍为低电平，则再插入一个 T_w。此过程一直进行到某个 T_w 开始时，READY 已经变为高电平，这时下一个时钟周期才转入 T_4。可以看出，插入 T_w 周期的个数取决于 READY 电平维持的时间。

4. 若已知物理地址，其逻辑地址唯一吗？

解：因物理地址是逻辑地址的变换，故若已知物理地址，其逻辑地址不唯一。

5. 8086/8088 CPU 在最小模式下的系统构成至少应包括哪些基本部分（器件）？

解：至少应包括 8088CPU、8284 时钟发生器、8282 锁存器（3 片）和 8286 双向总线驱动器。

6. 什么是实地址模式？什么是保护虚地址模式？它们的特点是什么？

解：实地址模式是与 8086/8088 兼容的存储管理模式。当 80386 加电或复位后，就进入实地址工作模式。物理地址形成与 8088/8086 一样，是将段寄存器内容左移 4 位与有效偏移地址相加而得到，寻址空间为 1MB。

保护虚地址模式又称为虚拟地址存储管理方式，也简称为保护模式。在该模式下，80386 提供了存储管理和硬件辅助的保护机构，还增加了支持多任务操作系统的特别优化的指令。保护虚地址模式采用多级地址映射的方法，把逻辑地址映射到物理存储空间中。

这个逻辑地址空间也称为虚拟地址空间,80386 的逻辑地址空间提供 2^{46} 的寻址能力。物理存储空间由内存和外存构成,它们在 80386 保护虚拟地址模式和操作系统的支持下为用户提供了均匀一致的物理存储能力。在保护虚地址模式下,用段寄存器的内容作为选择符(段描述符表的索引),选择符的高 13 位为偏移量,CPU 的 GDTR 中的内容作为基地址,从段描述符表中取出相应的段描述符(包括 32 位段基地址、段界限和访问权等)。该描述符被存入描述符寄存器中。描述符中的段基地址(32 位)与指令给出的 32 位偏移地址相加得到线性地址,再通过分页机构进行变换,最后得到物理地址。

7. 80386 访问内存有哪两种方式? 各提供多大的地址空间?

解:实地址模式和保护虚地址模式。实地址模式可提供 1MB(2^{20})的寻址空间。保护虚地址模式可提供 4GB(2^{32})的线性地址空间和 64TB(2^{46})的虚拟存储器地址空间。

8. 页转换产生的线性地址的 3 部分各是什么?

解:页目录索引、页表索引和页内偏移。

9. 对比描述 8088、80386 和 Pentium4 微处理器的主要特点。

解:8088 是 16 位体系结构处理器。主要特点有:①可实现指令预取;②内存分段管理;③支持多处理器。

与上一代 16 位微处理器相比,80386 主要具有以下几个特性:①采用全 32 位结构,其内部寄存器、ALU 和操作是 32 位,数据线和地址线均为 32 位;②提供 32 位外部总线接口,具有自动切换数据总线宽度的功能。CPU 读写数据的宽度可以在 32 位到 16 位之间自由进行切换;③具有片内集成的存储器管理部件 MMU,可支持虚拟存储和特权保护,虚拟存储器空间可达 64TB;④具有 3 种工作方式:实地址方式、保护方式和虚拟 8086 方式;⑤采用了比 8086 更先进的流水线结构,使其能高效、并行地完成取指、译码、执行和存储管理功能。

Pentium4 微处理器采用 Intel NetBurst 微体系结构,相比之前的 IA-32 结构具有更高的性能。主要体现在:

① 快速执行引擎使处理器的算术逻辑单元执行速度达到了内核频率的两倍,从而实现了更高的执行吞吐量。

② 超长流水线技术使流水线深度比 Pentium Ⅲ 增加了一倍,达到 20 级,显著提高了处理器性能和执行速度。

③ 创新的新型高速缓存子系统使指令执行更加有效。

④ 增强的动态执行结构可以对更多的指令进行转移预测处理,有效地避免因发生程序转移使流水线停顿的现象。

⑤ 扩展了 MMX 和 SSE 技术。

⑥ 提供了 3.2GB/s 的吞吐率,4 倍速的 100MHz 可升级的总线时钟使有效速度达到 400MHz。深度流水线操作,每次可存取 64B。

10. 说明处理器内核与片上系统的关系。

解:处理器内核(Core)是片上系统的基本计算单元,是由运算器和控制器组成的可以执行指令的处理器核心组件。片上系统通常不仅包含处理器内核,还集成有存储器、各类接口等。

11. RISC 的主要特点有哪些?

解:RISC 的主要特点有:

① 大多数指令在一个计算机周期内完成。

② 指令格式和长度固定，且指令种类很少，功能简单，寻址方式少而简单。

③ 指令系统强调对称、均匀、简单，使程序的编译效率更高，从而也加快了程序的处理速度。

④ 尽量利用寄存器实现操作。

12. TaiShan V110 处理器内核有哪些主要部件？它们的作用是什么？

解：TaiShan V110 处理器内核主要包括取指（Instruction Fetch）、指令译码（Instruction Decode）、指令分发（Instruction Dispatch）、整数执行（Integer Execute）、加载/存储单元（Lode/Store Unit）、第二级存储系统（L2 Memory System）、增强的 SIMD 与浮点运算单元（Advanced SIMD and Floating-Point Unit）、通用中断控制器 CPU 接口（GIC CPU Interface）、通用定时器（Generic Timer）、电源管理单元（PMU）及调试（Debug）与跟踪（Trace）等多个部件。

13. 比较 ARM 中的当前程序状态寄存器 CPSR 和 Intel 微处理器中的标志寄存器的功能？

解：ARM 中的当前程序状态寄存器 CPSR 是一个 32 位寄存器，用于反映当前程序状态。其最低 8 位是控制位，当发生异常时这些位可以被改变。最高 4 位为条件码标志，ARM 的大多数指令是条件执行指令，即通过检测这些条件码标志来决定指令的执行（具体请参见主教材 2.3.4 节）。

Intel 处理器中的标志寄存器用于记录处理器当前的工作状态和运行结果特征。其作用与 ARM 中的 CPSR 有类似之处。

14. 说明 ARM 中的程序计数器 R15 与 Intel 微处理器中的 IP 寄存器的异同。

解：与 Intel 微处理器中的指令指针 IP 相比，ARM 中的 R15 寄存器最大的不同是：它既可以作为程序计数器（PC），理论上也可以作为一般的通用寄存器使用（虽然一般不会这样使用）。而 IP 寄存器只能作为指令指针。

第3章 指 令 集

3.1 填空题

1. 若 8086/8088 CPU 各寄存器的内容为：AX＝0000H，BX＝0127H，SP＝FFC0H，BP＝FFBEH，SS＝18A2H。现执行以下 3 条指令：

① PUSH BX

② MOV AX，[BP]

③ PUSH AX

在执行完第①条指令后，SP＝（ FFBEH ）。在执行完指令③后，AX＝（ 0127H ），BX＝（ 0127H ），SP＝（ FFBCH ）。

解：每执行一次 PUSH 指令，堆栈指针 SP-2。当 BP 作为简址寄存器时，默认指向堆栈段。

2. 从中断服务子程序返回时应使用（ IRET ）指令。

3. 数据段中 28A0H 单元的符号地址为 VAR，若该单元中内容为 8C00H，则执行指令"LEA AX，VAR"后，AX 的内容为（ 28A0H ）。

解：28A0H 单元的符号地址为 VAR，即表示该单元的偏移地址是 28A0H。

4. 下列程序执行后，BX 中的内容为（ C02DH ）。

```
MOV CL,3
MOV BX,0B7H
ROL BX,1
ROR BX,CL。
```

解：ROL 是不带 CF 的循环左移指令，RORL 是不带 CF 的循环右移指令。改程序的功能就是将 BX＝00B7H 循环右移 2 位。

5. 由 ARM 指令基本格式可以看出，ARM 指令通常会有（ 3 个 ）操作数。

解：详见主教材 3.5.1 节。

3.2 简答题

1. 设 DS＝6000H，ES－2000H，SS＝1500H，SI＝00A0H，BX＝0800H，BP＝1200H。请分别指出下列各条指令源操作数的寻址方式，并计算除立即寻址外的其他寻址方式下源操作数的物理地址。

① MOV AX,BX

② MOV AX,4[BX][SI]

③ MOV AL,'B'

④ MOV DI,ES：[BX]

⑤ MOV DX,[BP]

解：

① 寄存器寻址。因源操作数是寄存器,故寄存器 BX 就是操作数的地址。

② 基址—变址—相对寻址。

操作数的物理地址＝DS×16＋SI＋BX＋4＝60000H＋00A0H＋0800H＋4＝608A4H

③ 立即寻址。

④ 寄存器间接寻址。

操作数的物理地址＝ES×16＋BX＝20000H＋0800H＝20800H

⑤ 寄存器间接寻址。

操作数的物理地址＝SS×16＋BP＝15000H＋1200H＝16200H

2. 试说明指令"MOV BX,5[BX]"与指令"LEA BX,5[BX]"的区别。

解：前者是数据传送类指令,表示将数据段中以(BX＋5)为偏移地址的 16 位数据送寄存器 BX。后者是取偏移地址指令,执行的结果是 BX＝BX＋5,即操作数的偏移地址为 BX＋5。

3. 设 DS＝202AH,CS＝6200H,IP＝1000H,BX＝1200H,位移量 DATA＝2,内存数据段 BX 指向的各单元内容如图 3-1 所示。试确定下列转移指令的转移地址。

① JMP BX

② JMP WORD PTR[BX]

③ JMP DWORD PTR[BX＋DATA]

解：转移指令分为段内转移和段间转移,根据其寻址方式的不同,又有段内直接转移和间接转移,以及段间直接转移和间接转移地址。对直接转移,其转移地址为当前指令的偏移地址(即 IP 的内容)加上位移量或由指令中直接得出;间接转移,转移地址等于指令中寄存器的内容或由寄存器内容所指向的存储单元的内容。

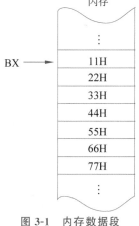

图 3-1　内存数据段

① 段内间接转移。

转移目标的偏移地址＝BX＝1200H,段地址＝CS＝6200H

② 段内间接转移。

转移目标的偏移地址为 BX 所指字单元的内容＝2211H,段地址＝CS＝6200H

③ 段间间接转移。

转移目标为 BX＋2 所指 4 个字节单元的内容,即偏移地址＝4433H,段地址＝6655H

4. 比较无条件转移指令、条件转移指令、调用指令和中断指令的异同。

解：无条件转移指令的操作是无条件地使程序转移到指定的目标地址,并从该地址开始执行新的程序段,其转移的目标地址既可以在当前逻辑段,也可以在不同的逻辑段;条件转移指令是在满足一定条件下使程序转移到指定的目标地址,其转移范围很小,只能当前在逻辑段的-128~+127地址范围内。

调用指令是用于调用程序中常用到的功能子程序,是在程序设计中就设计好的。根据所调用过程入口地址的位置可将调用指令分为段内调用(入口地址在当前逻辑段内)和段间调用。在执行调用指令后,CPU要保护断点。对段内调用是将其下一条指令的偏移地址压入堆栈,对段间调用则要保护其下一条指令的偏移地址和段基地址,然后将子程序入口地址赋给 IP(或 CS 和 IP)。

中断指令是因一些突发事件使CPU暂时中止它正在运行的程序,转去执行一组专门的中断服务程序,并在执行完后返回原被中止处继续执行原程序,它是随机的。在响应中断后 CPU 不仅要保护断点(即 INT 指令下一条指令的段地址和偏移地址),还要将标志寄存器 FLAGS 压入堆栈保存。

5. 说明以下程序段的功能:

```
STD
LEA DI,[1200H]
MOV CX,0F00H
XOR AX,AX
REP STOSW
```

解：按减地址方向,将附加段中偏移地址为1200H单元开始的F00H个字单元清0。

6. x86 处理器主要新增了哪些类型指令?

解：x86 的 32 位指令集在 16 位指令集基础上,除增强了部分8086指令的功能外,还新增了包括串输入输出、字节交换、条件传送等指令(详见主教材表 3-8)。

x86-64 指令集是 x86-32 指令集的超集,它将操作数扩展为 64 位,并陆续增加了多媒体扩展指令集 MMX、SSE、SSE2 等扩展指令集,增强了处理器的多媒体、图形图像和 Internet 等的处理能力。

7. 比较 Intel 指令集与 ARM 指令集指令在格式上的主要区别。

解：相比于 Intel x86 指令集,ARM 指令集在格式上允许 2 个或 3 个操作数,并增加了条件码和后缀两个可选项。

3.3　编程题

1. 按下列要求写出相应的指令或程序段。

(1) 写出两条使 AX 内容为 0 的指令。

(2) 使 BL 寄存器中的高 4 位和低 4 位互换。

(3) 屏蔽 CX 寄存器的 11 位、7 位和 3 位。

(4) 测试 DX 中的 0 位和 8 位是否为 1。

解：(1) MOV AX,0

　　　　XOR AX,AX　　　;AX 寄存器自身相异或,可使其内容清0

　　(2) MOV CL,4

   ROL BL,CL   ;将 BX 内容循环左移 4 位,可实现其高 4 位和低 4 位的互换

 (3) AND CX,0F777H ;将 CX 寄存器中需屏蔽的位"与"0

 (4) AND DX,0101H ;将需测试的位"与"1,其余"与"0 屏蔽掉

   CMP DX,0101H ;与 0101H 比较

   JZ ONE   ;若相等则表示 b0 和 b8 位同时为 1,此时 ZF=1,若 ZF=1
           转向 ONE

    ⋮

2. 编写程序,实现将+46 和-38 分别乘以 2。

解:因为对二进制数,每左移一位相当于乘以 2,右移一位相当于除以 2。可以用移位指令或乘、除运算指令实现。为方便理解,这里先将十进制数 46 和-38 转换为十六进制数,并对-38 取补码。

$$46=2EH,-38=-26H,[-26H]_{补}=11011010B=DAH$$

注:第 4 章学习完变量定义后,可以直接定义变量为十进制数,并可以直接定义为负数,如-38。数制转换和求补码的工作由汇编程序(汇编语言的编译程序)自动完成。

程序代码如下:

```
MOV AL,2EH
SHL AL,1                          ;AL×2→AL
MOV BL,0DAH
SAR BL,1                          ;BL×2→BL。用算术移位指令实现符号数移位
```

3. 编写程序,统计 BUFFER 为首地址的连续 200 个字节单元中 0 的个数。

解:将 BUFFER 为首地址的 200 个单元的数依次与 0 进行比较,若相等则表示该单元数为 0,统计数加 1;否则再取下一个数比较,直到 200 个单元数全部比较完毕为止。

程序如下:

```
        LEA SI,BUFFER             ;取 BUFFER 的偏移地址
        MOV CX,200                ;数据长度送 CX
        XOR BX,BX                 ;存放统计数寄存器清 0
AGAIN:  MOV AL,[SI]               ;取一个数
        CMP AL,0                  ;与 0 比较
        JNE GOON                  ;不为 0 则准备取下一个数
        INC BX                    ;为 0 则统计数加 1
GOON:   INC SI                    ;修改地址指针
        LOOP AGAIN                ;若未比较完则继续比较
        HLT
```

4. 写出完成下述功能的程序段。

(1) 从地址 DS:1200H 中传送一个数据 56H 到 AL 寄存器。

(2) 将 AL 中的内容左移两位。

(3) AL 的内容与字节单元 DS:1201H 中的内容相乘。

(4) 乘积存入字单元 DS:1202H 中。

解:(1) MOV DS:BYTE PTR[0012H],56H

    MOV AL，[0012H]

  (2) MOV CL，2

    SHL AL，CL

  (3) MUL DS：BYTE PTR[1201H]

  (4) MOV DS：[1202H]，AX

 5. 设内存数据段中以 M1 为首地址的字节单元中存放了 3 个无符号字节数，编写程序，求这 3 个数之和及这 3 个数的乘积，并将结果分别存放在 M2 和 M3 单元中。

 解：

 3 个数求和：

```
    LEA SI,M1
    MOV AL,[SI]
    CLC
    MOV CX,2
L1: INC SI
    ADC AL,[SI]
    LOOP
    MOV M2,AL
```

 3 个数求乘积：

```
LEA SI,M1
XOR BX,BX
MOV AL,[SI]
MUL BYTE PTR[SI+1]
MOV BL,[SI+2]
MUL BX
MOV M3,AX
MOV M3+2,DX
```

 6. 编写程序，利用串操作指令，实现按减地址方向将数据段 1000H～1010H 中的内容传送到附加段从 2000H 开始的区域中。

 解：

 参考代码如下：

```
MOV SI,1010H
MOV DI,2010H
STD
MOV CX,10H
REP MOVSB
HLT
```

第4章 汇编语言程序设计

4.1 填空题

1. 将汇编语言源程序转换为机器代码的过程称为（ 汇编 ），而要使其能够在计算机上运行，还需要通过（ 链接 ）生成可执行文件。

解：所有源程序都需要经过编译和链接才能被 CPU 执行。汇编语言源程序的编译称为汇编。

2. 执行下列指令后，AX 寄存器中的内容是（ 1E00H ）。

```
TABLE DW 10,20,30,40,50
ENTRY DW 3
    ⋮
MOV BX,OFFSET TABLE
ADD BX,ENTRY
MOV AX,[BX]
```

解：OFFSET 是运算符，表示取变量的偏移地址。

3. 已知：

```
ALPHA   EQU 100
BETA    EQU 25
```

则表达式 ALPHA×100＋BETA 的值为（ 10025 ）。

解：EQU 是符号定义伪指令，含义是用其前边的符号名取代其后表达式的值。

4. 执行如下指令后，AX＝（ 0004 ）H，BX＝（ 0152 ）H。

```
DSEG   SEGMENT
  ORG  100H
  ARY  DW  3,4,5,6
  CNT  EQU 33
  DB  1,2,CNT+5,3
  DSEG  ENDS
    ⋮
MOV AX,ARY+2
MOV BX,ARY+10
```

解：ART+2 指向内容为 4 的字节单元，ART+10 指向存放 CNT+5=38 的字节单元。由于 MOV 指令的目标操作数是 16 位寄存器 AX 和 BX，故两条指令均传送 2 个单元的内容。

4.2 简答题

1. 分别用 DB、DW、DD 伪指令写出在 DATA 开始的连续 8 个单元中依次存放数据 11H、22H、33H、44H、55H、66H、77H、88H 的数据定义语句。

解：DB、DW、DD 伪指令分别表示定义的数据为字节型、字类型及双字型。其定义形式分别为：

```
DATA DB 11H,22H,33H,44H,55H,66H,77H,88H
DATA DW 2211H,4433H,6655H,8877H
DATA DD 44332211H,88776655H
```

2. 假设程序的数据段定义如下：

```
DSEG SEGMENT
   DATA1 DB   10H,20H,30H
   DATA2 DW 10 DUP(?)
   STRING DB '123'
DSEG ENDS
```

写出各指令语句执行后的结果：

（1）MOV AL,DATA1
（2）MOV BX,OFFSET DATA2
（3）LEA SI,STRING
　　ADD BX,SI

解：（1）取变量 DATA1 的值。指令执行后，AL=10H。

（2）变量 DATA2 的偏移地址。指令执行后，BX=0003H。

（3）先取变量 STRING 的偏移地址送寄存器 SI，之后将 SI 的内容与 BX 的内容相加并将结果送 BX。指令执行后，SI=0017H；BX=0003H+0017H=001AH。

3. 写出汇编语言程序的框架结构。要求包括数据段、代码段和堆栈段。

解：框架结构如下：

```
DSEG SEGMENT                         ;定义数据段
   ⋮
DSEG ENDS
SSEG SEGMENT STACK 'STACK'           ;定义堆栈段
   ⋮
SSEG ENDS
CSEG SEGMENT
    ASSUME CS:CSEG, DS:DSEG, SS:SSEG
START: MOV AX, DSEG                   ;初始化段寄存器
```

```
        MOV DS, AX
        MOV AX, SSEG
        MOV SS, AX
        ⋮
CSEG ENDS
        END START
```

4.简述指令性语句与指示性语句的区别。

解：指令性语句是由指令助记符等组成的、可被 CPU 执行的语句；指示性语句用于告诉汇编程序如何对程序进行汇编，是 CPU 不执行的语句。

5.假设数据段中定义了如下两个变量（DATA1 和 DATA2），画图说明下列语句分配的存储空间及初始化的数据值。

```
DATA1 DB  'BYTE',12,12H,2 DUP(0,?,3)
DATA2 DW  4 DUP(0,1,2),?,-5,256H
```

解：存储空间分配情况如图 4-1 所示。

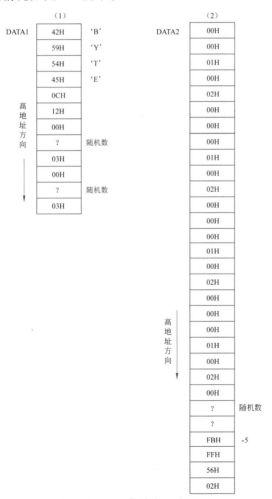

图 4-1 题 5 存储空间分配图

6. 图示以下数据段在存储器中的存放形式:

```
DATA SEGMENT
DATA1 DB 10H,34H,07H,09H
DATA2 DW 2 DUP(42H)
DATA3 DB 'HELLO!'
DATA4 EQU 12
DATA5 DD 0ABCDH
DATA ENDS
```

解:存储空间分配情况如图 4-2 所示。

DATA1	10H	
	34H	
	07H	
	09H	
DATA2	42H	
	00H	
	42H	
	00H	
DATA3	48H	H
	45H	E
	4CH	L
	4CH	L
	4FH	O
	21H	!
DATA5	CDH	
	ABH	
	00H	
	00H	

图 4-2 题 6 存储空间分配图

7. 阅读下面的程序段,说明它实现的功能。

```
    DATA SEGMENT
    DATA1 DB 'ABCDEFG'
    DATA ENDS
    CODE SEGMENT
        ASSUME CS:CODE,DS:DATA
AAAA: MOV AX,DATA
      MOV DS,AX
      MOV BX,OFFSET DATA1
      MOV CX,7
NEXT: MOV AH,2
      MOV AL,[BX]
```

```
        XCHG AL,DL
        INC BX
        INT 21H
        LOOP NEXT
        MOV AH,4CH
        INT 21H
CODE ENDS
        END AAAA
```

解：该程序段是将 A、B、C、D、E、F、G 7 个字母依次显示在屏幕上。

4.3　编程题

1. 编写求两个无符号双字长数之和的程序。两数分别在 MEM1 和 MEM2 单元中,和放在 SUM 单元。

解：对 16 位处理器,一次只能进行 16 位数运算。对双字长数(32 位)运算,需要分两个周期进行,考虑到低位运算可能存在的进位,需要使用 ADC 指令。同时,为确保低位运算时不出现错误,需要事先将 CF 清零。

参考答案：

```
DSEG SEGMENT
    MEM1 DW 1122H,3344H               ;定义变量
    MEM2 DW 5566H,7788H
    SUM DW 2 DUP(?)
DSEG ENDS
CSEG SEGMENT
    ASSUME CS:CSEG,DS:DSEG
START:  MOV AX,DSEG
        MOV DS,AX
        LEA BX,MEM1                   ;设置运算变量及求和变量的偏移地址
        LEA SI,MEM2
        LEA DI,SUM
        MOV CX,4                      ;设置循环次数
        CLC                           ;使 CF＝0
AGAIN:  MOV AL,[BX]
        ADC AL,[SI]                   ;按字节完成求和运算
        MOV [DI],AL
        INC BX                        ;修改地址指针
        INC SI
        INC DI
        LOOP AGAIN
        MOV AH,4CH
        INT 21H
CSEG ENDS
        END START
```

2.编写程序,测试 AL 寄存器的第 1 位(bit1)是否为 0。

解:测试寄存器 AL 中某一位是否为 0,可使用 TEST 指令、AND 指令、移位指令等几种方法实现。

例如:

```
        TEST AL,2                        ;使 bit1 位"与"
        JZ NEXT
        ⋮
NEXT: ⋯
```

或者:

```
        MOV CL,2
        SHR AL,CL
        JNC NEXT
        ⋮
NEXT: ⋯
```

3.编写程序,将 BUFFER 中的一个 8 位二进制数转换为 ASCII 码,并按位数高低顺序存放在 ANSWER 开始的内存单元中。

解:首先需要将二进制数转为 0~9 表示的十进制数(BCD 码),然后再转换为 ASCII 码。二进制数转换为十进制数,可以基于主教材第 1 章中介绍的权值表达式展开求和的方法编写程序,也可以采用除 10 取余数的方法。这里给出了第二种方法的程序代码。对第一种方法,建议读者自行考虑编写。

8 位二进制数的最大值是 255,即不超过 3 位十进制数。

参考答案:

```
DSEG SEGMENT
    BUFFER    DB    ?                 ;要转换的数
    ANSWER    DB    3 DUP(?)          ;ASCII 码结果存放单元
DSEG  ENDS
CSEG  SEGMENT
      ASSUME CS:CSEG,DS:DSEG
START: MOV   AX,DSEG
       MOV   DS,AX
       MOV   CX,3                     ;最多不超过 3 位十进制数(255)
       LEA   DI,ANSWER                ;DI 指向结果存放单元
       XOR   AX,AX
       MOV   AL,BUFFER                ;取要转换的二进制数
       MOV   BL,10                    ;基数 10
AGAIN: DIV   BL                       ;用除 10 取余的方法转换
       OR    AH,30H                   ;十进制数转换成 ASCII 码
       MOV   [DI],AH                  ;保存当前结果
       INC   DI                       ;指向下一个位保存单元
       AND   AL,AL                    ;商为 0?(转换结束?)
       JZ    STO                      ;若结束,退出
       MOV   AH,0
```

```
        LOOP   AGAIN                           ;否则循环继续
STO:    MOV    AX,4CH
        INT    21H
CSEG    ENDS
        END    START
```

请思考：若要求将转换结果输出在显示屏幕上，程序该如何修改？

4. 假设数据项定义如下：

```
DATA1 DB 'HELLO!GOOD MORNING!'
DATA2 DB   20 DUP(?)
```

用串操作指令编写程序段,使其分别完成以下功能。

(1) 从左到右将 DATA1 中的字符串传送到 DATA2 中。

(2) 传送完毕后,比较 DATA1 和 DATA2 中的内容是否相同。

(3) 把 DATA1 中的第 3 字节和第 4 字节存入 AX。

(4) 将 AX 的内容存入 DATA2+5 开始的单元中。

解：从左至右传送,即从低地址向高地址传送。可以将 DF 标志位设置为 0。

参考答案：

(1) MOV AX,SEG DATA1

　　MOV DS,AX

　　MOV AX,SEG DATA2

　　MOV ES,AX

　　LEA SI,DATA1

　　LEA DI,DATA2

　　MOV CX,20

　　CLD

　　REP MOVSB

(2) LEA SI,DATA1

　　LEA DI,DATA2

　　MOV CX,20

　　CLD

　　REPE CMPSB

(3) LEA SI,DATA1

　　ADD SI,2

　　LODSW

(4) LEA DI,DATA2

　　ADD DI,5

　　MOV CX,8

　　CLD

　　REP STOSW

5. 编写程序段,将 STRING1 中的最后 20 个字符移到 STRING2 中(顺序不变)。

解:首先确定 STRING1 中字符串的长度,因为字符串的定义要求以'＄'符号结尾,可通过检测'＄'符确定出字符串的长度,并假设串长度为 COUNT。

参考答案:

```
LEA SI,STRING1
LEA DI,STRING2
ADD SI,COUNT-20
MOV CX,20
CLD
REP MOVSB
```

6. 若接口 03F8H 的第 1 位(bit1)和第 3 位(bit3)同时为 1,表示接口 03FBH 有准备好的 8 位数据,当 CPU 将数据取走后,bit1 和 bit3 就不再同时为 1 了,而仅当又有数据准备好时才再同时为 1。编写程序,从上述接口读入 200 字节的数据,并按顺序放在 DATA 开始的单元中。

解:由题知,当从输入接口 03F8H 读入的数据满足××××1×1×B 时可以从接口 03FBH 输入数据。

参考答案:

```
        LEA SI,DATA
        MOV CX,200
NEXT: MOV DX,03F8H
        IN AL,DX
        AND AL,0AH          ;判断 bit1 和 bit3 位是否同时为 1
        CMP AL,0AH
        JNZ NEXT            ;bit1 和 bit3 位同时为 1 则读数据,否则等待
        MOV DX,03FBH
        IN AL,DX
        MOV [SI],AL
        INC SI
        LOOP NEXT
        HLT
```

7. 用子程序结构编写如下程序:从键盘输入一个两位十进制的月份数(01～12),然后显示出相应月份的英文缩写名。

解:可根据题目要求编写如下几个子程序:

INPUT　　从键盘接收一个两位数,并将其转换为二进制数;
LOCATE　通过字符表查找,将输入数与英文缩写对应起来;
DISPLAY　将缩写字母在屏幕上显示。

程序如下:

```
DSEG SEGMENT
DATA1 DB 3
DATA2 DB 3,?,3 DUP(?)
```

```
         ALFMON DB '???','$'
         MONTAB DB 'JAN','FEB','MAR','APR','MAY','JUN'
                DB 'JUL','AUG','SEP','OCT','NOV','DEC'
         DSEG ENDS
         ;
         SSEG SEGMENT STACK 'STACK'
             DB 100 DUP(?)
         SSEG ENDS
         ;
         CSEG SEGMENT
           ASSUME CS:CSEG,DS:DSEG,ES:DSEG,SS:SSEG
           MAIN  PROC FAR
               PUSH DS                        ;恢复断点
               XOR AX,AX
               PUSH AX
               MOV AX,DSEG                     ;段初始化
               MOV DS,AX
               MOV ES,AX
               MOV AX,SSEG
               MOV SS,AX
               CALL INPUT
               CALL LOCATE
               CALL DISPLAY
               RET
           MAIN  ENDP
               ;
           INPUT PROC NEAR
               PUSH DX
               MOV AH,0AH                      ;从键盘输入月份数
               LEA DX,DATA2
               INT 21H
               MOV AH,DATA2+2                  ;输入月份数的 ASCII 码送 AX
               MOV AL,DATA2+3
               XOR AX,3030H                    ;将月份数的 ASCII 码转换为二进制数
               CMP AH,00H                      ;确定是否为 01—09 月
               JZ RETURN
               SUB AH,AH                       ;若为 10—12 月则清高 8 位
               ADD AL,10                       ;转为二进制码
         RETURN: POP DX
               RET
           INPUT ENDP
               ;
         LOCATE  PROC NEAR
               PUSH SI
               PUSH DI
               PUSH CX
               LEA SI,MONTAB
               DEC AL
               MUL DATA1                       ;每月为 3 个字符
               ADD SI,AX                       ;指向月份对应的英文缩写字母的地址
```

```
            MOV CX,03H
            CLD
            LEA DI,ALFMON
            REP MOVSB
            POP CX
            POP DI
            POP SI
            RET
LOCATE   ENDP
            ;
DISPLAY PROC
            PUSH DX
            LEA DX,ALFMON
            MOV AH,09H
            INT 21H
            POP DX
            RET
DISPLAY ENDP
    CSEG ENDS
            END MAIN
```

8. 编写一程序段,把从 BUFFER 开始的 100 个字节的内存区域初始化成 55H、0AAH、55H、0AAH、…、55H、0AAH。

解:可用串存储指令实现。

参考答案:

```
DSEG    SEGMENT
BUFFER DB 100 DUP(?)
DSEG    ENDS
CSEG    SEGMENT
    ASSUME CS:CSEG,DS:DSEG,ES:DSEG
BEGIN: MOV AX,DSEG
        MOV DS,AX
        MOV ES,AX
        MOV AX,0AA55H
        LEA DI,BUFFER
        CLD
        MOV CX,50
        REP STOSW
        HLT
    CSEG ENDS
        END BEGIN
```

9. 编写将键盘输入的 ASCII 码转换为二进制数的程序。

解:键盘输入的任何一个数都是该数对应的 ASCII 码(字符)。若按十六进制表示,键盘可以直接输入的数是 0~F。其中,0~9 的 ASCII 码与其对应二进制数的差值是 30H;A~F 的 ASCII 码与其对应二进制数的差值是 37H。ASCII 码到二进制的转换,就是减去相应的差值。

参考答案：

```
DATA SEGMENT
   BUFFER DB 100 DUP(?)
DATA ENDS
CODE SEGMENT
   ASSUME CS:CODE,DS:DATA
START: MOV AX,DATA
       MOV DS,AX
       LEA SI,BUFFER
       MOV AH,1                    ;从键盘输入一个数
       INT 21H
       AND AL,7FH                  ;去掉最高位
       CMP AL,'0'
       JL STO                      ;若小于 0 则不属于转换范围
       CMP AL,'9'
       JG ASCB1
       SUB AL,30H                  ;对 0~9 的数减去 30H 转换为二进制数
       JMP ASCB2
ASCB1: CMP AL,'A'                   ;对大于 9 的数再与 A 比较
       JL STO
       CMP AL,'F'
       JG STO
       SUB AL,37H                  ;对 A~F 的数减去 37H
ASCB2: MOV [SI],AL                  ;转换结果存放在 BUFFER 为首地址的单元中
       INC SI
  STO: CMP AL,'$'
       JNE NEXT
       HLT
   CODE ENDS
       END START
```

10. 编写计算斐波那契数列前 20 个值的程序。斐波那契数列的定义如下：

$$\begin{cases} F(0)=0, \\ F(1)=1, \\ F(n)=F(n-1)+F(n-2), n \geqslant 2 \end{cases}$$

解：根据斐波那契数列的定义，将计算出的前 20 个值放在 DATA1 为首地址的内存单元中。

参考程序如下：

```
DATA SEGMENT
DATA1 DB 0,1,18 DUP(?)
DATA ENDS
CODE SEGMENT
       ASSUME CS:CODE,DS:DATA
START: MOV AX,DATA
       MOV DS,AX
       LEA BX,DATA1
```

```
        MOV CL,18
        CLC
NEXT:   XOR AX,AX
        MOV AL,[BX]
        MOV DL,[BX+1]
        ADC AL,DL
        MOV [BX+2],AL
        INC BX
        DEC CL
        JNZ NEXT
        HLT
CODE  ENDS
        END START
```

第 5 章 半导体存储器

5.1 填空题

1. 半导体存储器主要分为（ RAM ）和（ ROM ）两类。其中，需要后备电源的是（ ROM ）。

解：详见主教材 5.1.1 节和 5.1.2 节。

2. 半导体存储器中，需要定时刷新的是（ DRAM ）。

解：详见主教材 5.1.1 节。

3. 图 5-1 中，74LS138 译码器的（ $\overline{Y_6}$ ）输出端会输出低电平。

解：由图 5-1 知，与非门输出端 $Y_1 = 0$，或非门输出端 $Y_2 = 1$，或门输出端 $Y_3 = 1$，故根据 74LS138 真值表，$\overline{Y_6}$ 输出 0。

4. 根据图 5-2 中给出的 SRAM 芯片引脚，可判断出它的容量是（ 8KB ）。

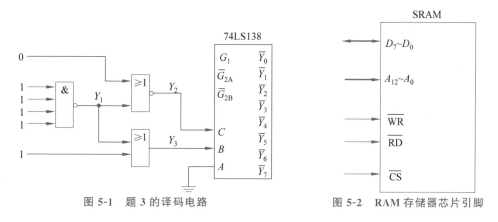

图 5-1 题 3 的译码电路   图 5-2 RAM 存储器芯片引脚

解：由图 5-2 知，该 SRAM 芯片有 13 位地址信号，可寻址 $2^{13} = 8\text{K}$ 个单元；有 8 位数据信号，表示芯片上每单元存放 8 位二进制数。

5. 可用紫外线擦除信息的可编程只读存储器的英文缩写是（ EPROM ）。

解：详见主教材 5.1.2 节。

6. 已知某微机内存系统由主存和一级 Cache 组成，Cache 的存取时间为 10ns，其平均命中率为 90%，而主存的存取时间为 100ns，则该微机内存系统的平均存取速度约为（ 19 ）ns。

解：Cache 存储系统的平均存取时间

＝Cache 的存取时间×命中率＋主存的存取时间×不命中率

＝$10×0.9＋100×0.1＝19(ns)$。

7. 采用容量为 64K×1b 的 DRAM 芯片构成地址为 00000H～7FFFFH 的内存,需要的芯片数为(64 片)。

解:由给定地址范围得,要构成的内存容量为 512KB。由此可计算出需要的芯片数量。

8. 对图 5-3 所示的译码电路,74LS138 译码器的输出端 Y_0、Y_3、Y_5 和 Y_7 所决定的内存地址范围分别是( )、( )、( )、( )。

解:由图知,要使该 74LS138 译码器工作,必须要有:$A_{19}＝0,A_{18}＝0,A_{16}＝0$。$A_{15}～A_{13}$ 分别为 000、011、101、111。因 A_{17} 没有接入,故输出端所连接的每个芯片都占有两个地址范围。

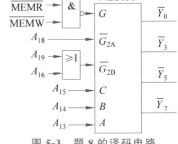

图 5-3 题 8 的译码电路

Y_0 #:00000H～01FFFH 和 20000H～21FFFH

Y_3 #:06000H～07FFFH 和 26000H～27FFFH

Y_5 #:0A000H～0BFFFH 和 2A000H～2BFFFH

Y_7 #:0E000H～0FFFFH 和 2E000H～2FFFFH

9. 用户自己购买内存条进行内存扩展,是在进行(位)扩展。

解:内存条是将若干每单元字长不足 8 位、但单元个数满足要求的存储芯片组合在一起。

5.2 简答题

1. 简述 RAM 和 ROM 各有何特点? SRAM 和 DRAM 各有何特点?

解:理论上 ROM 在正常工作时只能读出,不能写入。RAM 则可读可写。掉电后,ROM 中的内容不会丢失,RAM 中的内容会丢失。SRAM 称为静态随机存取存储器,相对于 DRAM,其主要特点是在通电条件下存储的信息很稳定,外围控制电路较简单。DRAM 称为动态随机存取存储器,其存储元主要有电容构成。由于电容存在泄漏,故需要定时刷新。

2. 说明 Flash 芯片的特点。

解:Flash 属于 EEPROM 型芯片,与普通 EEPROM 芯片一样,也有读出、写入和擦除 3 种工作方式。与普通 EEPROM 不同的是,它通过向内部状态寄存器写入命令来控制芯片的工作方式,并根据状态寄存器的状态来决定相应的操作。

3. 设某微型机内存 RAM 区的容量为 128KB,若用 2164A 芯片构成这样的内存,需多少片 2164A? 至少需多少根地址线? 其中多少根用于片内寻址,多少根用于片选译码?

解:(1) 每个 2164A 芯片的容量为 64K×1b,共需 128/64×8＝16 片。

(2) 128KB 容量需要地址线 17 根。

(3) 16 根地址线用于片内寻址。该 16 位地址信号通过二选一多路器连到 2164 芯片,分时传送高位地址与低位地址。

(4) 1 根地址线用于片选译码。

4. 什么是 Cache? 它能够极大地提高计算机的处理能力是基于什么原理?

解:Cache 是位于 CPU 与主存之间的高速小容量存储器。它的存在是基于程序访问的局部性原理。

5. 如何解决 Cache 与主存数据的一致性问题？

解：Cache 与主存数据的一致性主要涉及写 Cache 操作。利用写穿式访问 Cache 可以直接保证 Cache 与主存数据的一致性。采用写更新（写回）方式，是在需要替换时将修改过的 Cache 块内容写回到主存。

可以通过设置"修改位"来保证数据的一致性。当 Cache 中的某块内容被修改时，"修改位"置 1，否则为 0。在该块内容需要被替换时，若对应的"修改位"为 1，则需要先将该块内容写回到主存，再将主存中新的内容调入该块。

6. 什么是存储器系统？Cache 存储器系统的设计目标是什么？

解：存储器系统的概念是：将两个或两个以上在速度、容量、价格等各方面都不相同的存储器，用软件、硬件或软硬件相结合的方法连接成为一个系统，并使构成的存储器系统的速度接近于其中速度较快的那个存储器，容量接近于较大的那个存储器，而单位容量的价格接近于最便宜的那个存储器。存储器系统的性能，特别是它的存取速度和存储容量关系着整个计算机系统的优劣。

高速缓冲存储器系统的主要设计目标是提升内存的存取速度。

5.3　设计题

1. 利用全地址译码将 1 片 6264 芯片接到 8088 系统总线上，使其所占地址范围为 32000H～33FFFH。

解：将地址范围展开成二进制形式为：

6264 芯片的容量为 8K×8b，需要 13 根地址线 $A_0 \sim A_{12}$（见上图中虚线框内的部分）。由于为全地址译码，因此剩余的高 7 位地址都应作为芯片的译码信号。译码电路如图 5-4 所示。

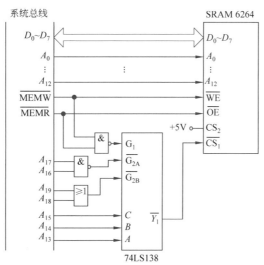

图 5-4　题 1 的译码电路

2. 某 8086 系统要用 EPROM 2764 和 SRAM 6264 芯片组成 16KB 的内存,其中,ROM 地址范围为 FE000H～FFFFFH,RAM 地址范围为 F0000H～F1FFFH。用 74LS138 译码器设计该存储电路。

解:连接图如图 5-5 所示。

3. 现有两片 6116 芯片,所占地址范围为 61000H～61FFFH,将它们连接到 8088 系统中。并编写测试程序,向所有单元输入一个数据,然后再读出与之比较,若出错则显示"Wrong!",全部正确则显示"OK!"。

解:连接图如图 5-6 所示。

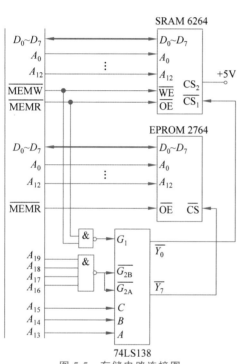

图 5-5 存储电路连接图

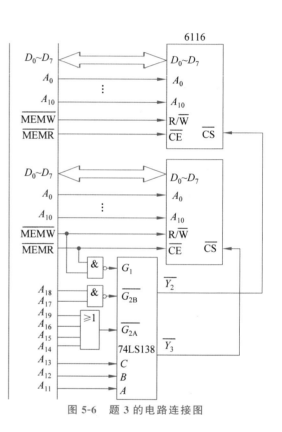

图 5-6 题 3 的电路连接图

测试程序如下:

```
DSEG SEGMENT
   OK  DB 'OK!','$'
   WRONG  DB 'Wrong!','$'
DSEG ENDS
CSEG SEGMENT
   ASSUME CS:CSEG,DS:DSEG
START: MOV AX, 6100H
       MOV ES, AX
       MOV DI, 0
       MOV CX, 1000H
       MOV AL, 55H
       REP STOSB
```

```
        MOV DI, 0
        MOV CX, 1000H
        REPZ SCASB
        JZ  DIS_OK
        LEA  DX, WRONG
        MOV  AH, 9
        INT  21H
        JMP STOP
DIS_OK: LEA  DX, OK
        MOV  AH, 9
        INT  21H
  STOP: MOV AH,4CH
        INT 21H
   CSEG ENDS
        END START
```

4. 某嵌入式系统要使用 4K×8b 的 SRAM 芯片构成 32KB 的数据存储器。SRAM 芯片的主要引脚有 $D_0 \sim D_7$,$A_0 \sim A_{11}$,$\overline{CE}$,$\overline{RD}$,$\overline{WR}$。问:

(1) 该存储器共需要多少个 SRAM 芯片?

(2) 设计该存储器电路,存储器的地址范围为 0000H～7FFFH。

解:由题知,该 SRAM 芯片容量为 4KB,要构成 32KB 的数据存储器,需要 8 片这样的 SRAM。

根据给定地址范围,设计存储器电路如图 5-7 所示。

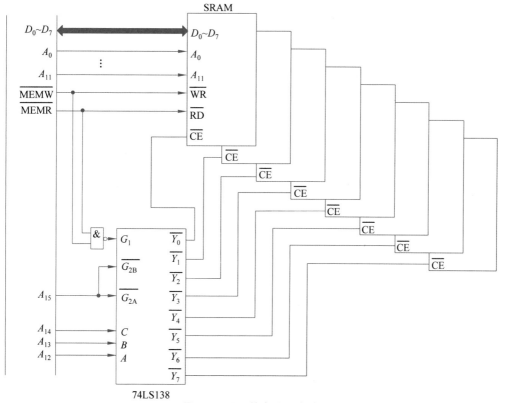

图 5-7　题 4 的存储器电路

5. 为某 8088 应用系统设计内存。要求：ROM 地址范围为 FC000H～FFFFFH，RAM 地址范围为 E00000H～FFFFFH。使用的 ROM 芯片和 SRAM 芯片的主要引脚如图 5-8 所示。

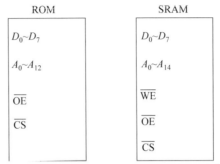

图 5-8　ROM 芯片和 RAM 芯片的主要引脚

解：由题给出的地址范围知：要求 ROM 的容量为 16KB，RAM 的容量为 128KB。由芯片引脚图知，ROM 芯片的存储容量是 8KB，SRAM 芯片的容量是 32KB。由此可以得出需要 2 片 ROM 芯片，4 片 SRAM 芯片。

电路设计如图 5-9 所示。

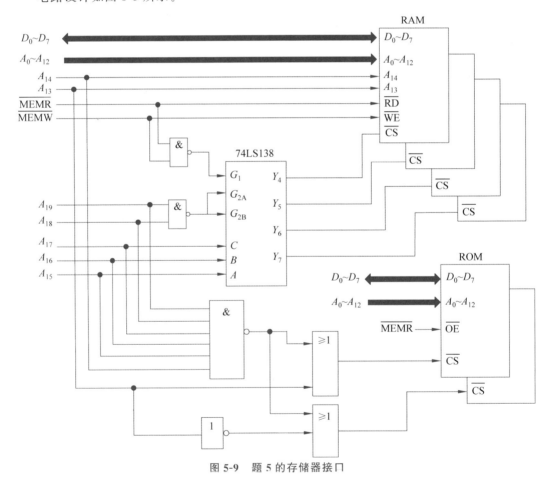

图 5-9　题 5 的存储器接口

第6章 输入输出和中断技术

6.1 填空题

1. 主机与外部设备进行数据传送时,处理器效率最高的传送方式是(DMA)。

解:基本输入输出方式有 4 种,由于直接存储器存取(DMA)方式可以实现 I/O 接口到内存的直接数据交换,且主要由硬件实现,故是效率最高的传送方式。

2. 中断 21H 的中断向量放在从地址(0084H)开始的 4 个存储单元中。

解:这里的 21H 是中断类型码,中断向量存放在类型码×4 所指向的 4 字节单元中。

3. 输入接口应具备的基本条件是具有(对数据的控制)能力,输出接口应具备的基本条件则是(数据的锁存)能力。

解:输入数据时,由于外设处理数据的时间一般要比 CPU 长得多,数据在外部总线上保持的时间相对较长,所以要求输入接口必须要具有对数据的控制能力;在输出数据时,同样由于外设的速度比较慢,要使数据能正确写入外设,CPU 输出的数据一定要能够保持到外设将数据读走。如果这个"保持"的工作由 CPU 来完成,则对其资源就必然是个浪费。因此,要求输出接口必须要具有数据的锁存能力。

4. 要禁止 8086 对 INTR 中断进行响应,应该把 IF 标志位设置为(0)。

解:IF 标志位为 1,表示可以相应外部可屏蔽中断请求。

5. 要设置中断类型 60H 的中断向量,应该把中断向量的段地址放入内存地址为(0182H)的字单元中,偏移地址放入内存地址为(0180H)的字单元中。

解:中断向量存放在中断类型码 n×4 所指向的 4 字节中。其中,高地址字单元中存放中断向量的段地址,低地址字单元(即 n×4)中存放中断向量的偏移地址。

6. ARM 中断向量表通常位于存储器的(低地址端)。

解:ARM 体系结构中,异常中断向量表的大小为 32 字节。其中,每个异常中断占据 4 字节,在这 4 字节空间中存放 1 条跳转指令或者 1 条向 PC 寄存器中赋值的数据访问指令。当中断产生时,通过这两种指令,使程序跳转到相应的异常中断处理程序处执行。

6.2 简答题

1. 输入输出系统主要由哪几部分组成?它主要有哪些特点?

解:输入输出系统主要由 3 部分组成,即输入输出接口、输入输出设备、输入输出软件。

输入输出系统主要有 4 个特点：复杂性、异步性、时实性、与设备无关性。

2. 试比较 4 种基本输入输出方法的特点。

解：在微型计算机系统中，主机与外设之间的数据传送有 4 种基本的输入输出方式：

无条件传送方式；

查询工作方式；

中断工作方式；

直接存储器存取(DMA)方式。

它们各自具有以下特点：

无条件传送方式适合于简单的、慢速的、随时处于"准备好"接收或发送数据的外部设备，数据交换与指令的执行同步，控制方式简单。

查询工作方式针对并不随时"准备好"、而需满足一定状态才能实现数据的输入输出的简单外部设备，其控制方式也较简单，但 CPU 的效率比较低。

中断工作方式是由外部设备作为主动的一方，在需要时向 CPU 提出工作请求，CPU 在满足响应条件时响应该请求并执行相应的中断处理程序。这种工作方式使 CPU 的效率较高，但控制方式相对较复杂。

DMA 方式适合于高速外部设备，是 4 种基本输入输出方式中速度最高的一种。

3. 8088/8086 系统如何确定硬件中断服务程序的入口地址？

解：8088/8086 系统的硬件中断包括非屏蔽和可屏蔽两种中断请求。每个中断源都有一个与之相对应的中断类型码 n。系统规定所有中断服务子程序的首地址都必须放在中断向量表中，其在表中的存放地址＝$n\times4$，(向量表的段基地址为 0000H)。即子程序的入口地址为(0000H：$n\times4$)开始的 4 个单元中，低位字(2 字节)存放入口地址的偏移量，高位字存放入口地址的段基地址。

4. 简述可屏蔽中断和非屏蔽中断的区别。

解：INTR 中断为可屏蔽中断，中断请求信号高电平有效。CPU 能否响应该请求要看中断允许标志位 IF 的状态，只有当 IF＝1 时，CPU 才可能响应中断。

NMI 中断为非屏蔽中断，请求信号为上升沿有效，对它的响应不受 IF 标志位的约束，CPU 只要当前指令执行结束就可以响应 NMI 请求。

5. 说明 8088 微处理器可屏蔽中断的处理过程。

解：可屏蔽中断的处理过程(或响应过程)主要包括中断请求、中断源识别与中断判优、中断响应、中断处理和中断返回 5 个步骤。整个过程如图 6-1 所示。

6. CPU 满足什么条件能够响应可屏蔽中断？

解：(1) CPU 要处于开中断状态，即 IF＝1，才能响应可屏蔽中断。

(2) 当前指令执行结束。

(3) 当前没有发生复位(RESET)、保持(HOLD)和非屏蔽中断请求(NMI)。

(4) 若当前执行的指令是开中断指令(STI)和中断返回指令(IRET)，则在执行完该指令后再执行一条指令，CPU 才能响应 INTR 请求。

(5) 对前缀指令，如 LOCK、REP 等，CPU 会把它们和它们后面的指令看作一个整体，直到这个整体指令执行完，方可响应 INTR 请求。

7. 8259A 有哪几种优先级控制方式？一个外中断服务程序的第一条指令通常为 STI，

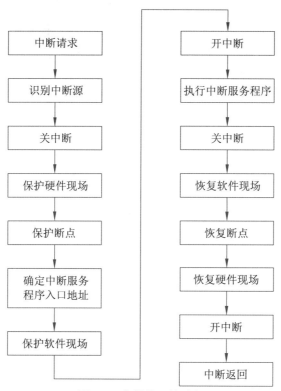

图 6-1　中断处理的过程

其目的是什么？

解：8259A 有两类优先级控制方式，即固定优先级和循环优先级方式。CPU 响应中断时会自动关闭中断(使 IF＝0)。若进入中断服务程序后允许中断嵌套，则需用指令开中断(使 IF＝0)，故一个外中断服务程序的第一条指令通常为 STI。

8. 单片 8259A 能够管理多少级可屏蔽中断？若用 3 片 8259A 级联，能管理多少级可屏蔽中断？

解：因 8259A 有 8 位可屏蔽中断请求输入端，故单片 8259A 能够管理 8 级可屏蔽中断。若用 3 片级联，即 1 片用作主控芯片，两片作为从属芯片，每一片从属芯片可管理 8 级，则 3 片级联共可管理 22 级可屏蔽中断。

9. 试分析 ARM 处理器的异常中断与 Intel 微处理器中断处理过程的异同。

解：作为处理器，ARM 处理器和微处理器的中断在技术上有很多相似的地方。如响应中断时要先保护被中断程序的执行现场(断点地址和硬件现场)；从中断处理程序退出时，要恢复现场等。

ARM 处理器异常中断过程主要包括中断响应和中断返回。详细描述请参见主教材6.4.4 节。

10. ARM 处理器中主要有哪几类异常中断？试说明它们各自的优先级。

解：ARM 处理器异常中断可分为 3 类：

① 指令执行引起的直接异常软件中断、未定义指令异常中断(包括所要求的协处理器不存在时的协处理器指令)和预取中止(因取指令过程中，存储器的故障导致的无效指令)。

② 指令执行引起的间接异常。因读取和存储数据时的存储器故障引起的数据终止。

③ 外部产生的与指令流无关的异常,如复位、普通中断 IRQ、快速中断 FIQ 等。

各异常中断的优先级请参见主教材 6.4.4 节表 6-1。

11. 已知 SP＝0100H,SS＝3500H,在 CS＝9000H,IP＝0200H,[00020H]＝7FH,[00021H]＝1AH,[00022H]＝07H,[00023H]＝6CH,在地址为 90200H 开始的连续两个单元中存放着一条两字节指令 INT 8。试指出在执行该指令并进入相应的中断例程时,SP、SS、IP、CS 寄存器的内容以及 SP 所指向的字单元的内容是什么?

解:CPU 在响应中断请求时首先要进行断点保护,即要依次将 FLAGS 和 INT 下一条指令的 CS、IP 寄存器内容压入堆栈,亦即栈顶指针减 6,而 SS 的内容不变。INT 指令是一条两字节指令,故其下一条指令的 IP＝0200H＋2＝0202H。

中断服务子程序的入口地址则存放在中断向量表(8×4)所指向的连续 4 个单元中。8×4＝0020H。所以,在执行中断指令并进入相应的中断例程时,以上各寄存器的内容分别为:

SP＝0100H－6＝00FAH

SS＝3500H

IP＝[0020H]字单元内容＝1A7FH

CS＝[0022H]字单元内容＝6C07H

[SP]＝0202H

6.3　设计题

1. 设输入接口的地址为 0E54H,输出接口的地址为 01FBH,分别利用 74LS244 和 74LS273 作为输入和输出接口。画出其与 8088 系统总线的连接图;并编写程序,使当输入接口的 bit1、bit4 和 bit7 这 3 位同时为 1 时,CPU 将内存中 DATA 为首地址的 20 个单元的数据从输出接口输出,若不满足上述条件则等待。

解:由给定端口地址知:端口地址为全地址译码,可利用基本逻辑门设计 I/O 接口电路如图 6-2 所示。

输入状态位有 3 位(bit1、bit4 和 bit7)。根据题目要求,可采用查询方式实现数据输出。由查询工作方式流程知:首先需要判断读入的 3 个状态位是否满足输出要求,若满足条件,则通过输出接口输出一个单元的数据;之后再继续判断状态是否满足,直到 20 个单元的数据都从输出接口输出。

参考程序:

```
        LEA SI, DATA          ;取数据偏移地址
        MOV CL, 20            ;数据长度送 CL
AGAIN:  MOV DX, 0E54H
WAITT:  IN AL, DX             ;读入状态值
        AND AL, 92H           ;屏蔽掉不相关位,仅保留 bit1、bit4 和 bit7 位状态
```

```
        CMP AL,92H                  ;判断 bit1、bit4 和 bit7 位是否全为 1
        JNZ WAITT                   ;不满足 bit1、bit4、bit7 位同时为 1 则等待
        MOV DX,01FBH
        MOV AL,[SI]
        OUT DX,AL                   ;满足条件则输出一个单元数据
        INC SI                      ;修改地址指针
        LOOP AGAIN                  ;若 20 个单元数据未传送完则循环
```

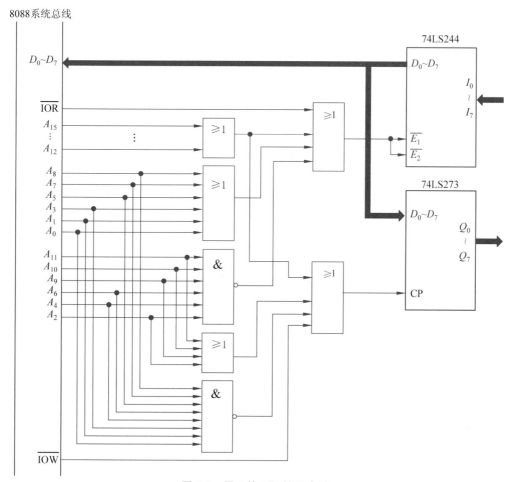

图 6-2　题 1 的 I/O 接口电路

2. 利用 74LS244 作为输入接口(端口地址为 01F2H)连接 8 个开关 $K_0 \sim K_7$,用 74LS273 作为输出接口(端口地址为 01F3H)连接 8 个发光二极管。

(1) 画出芯片与 8088 系统总线的连接图,并利用 74LS138 设计地址译码电路。

(2) 编写实现下述功能的程序段:

① 若 8 个开关 $K_7 \sim K_0$ 全部闭合,则使 8 个发光二极管亮。

② 若开关高 4 位($K_4 \sim K_7$)全部闭合,则使连接到 74LS273 高 4 位的发光管亮。

③ 若开关低 4 位($K_3 \sim K_0$)闭合,则使连接到 74LS273 低 4 位的发光管亮。

④ 其他情况,不做任何处理。

　　解：两个端口地址均为 16 位地址，表示采用全地址译码。根据题意，设计 8 个开关及 8 个发光二极管分别通过 74LS244 和 74LS273 芯片与 8088 系统总线连接(图 6-3)。

　　由图 6-3 得，当开关 $K_7 \sim K_0$ 全部闭合时，由 74LS244 将读入 8 位 0；当开关 $K_7 \sim K_0$ 全部断开时，则读入 8 位 1。而要使 LED 发光管亮，则 74LS273 对应的 Q 端应输出 1。

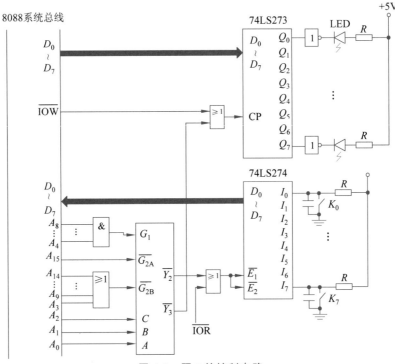

图 6-3　题 2 的控制电路

控制程序：

```
        MOV DX,01F2H
        IN AL,DX
        CMP AL,0
        JZ ZERO
        TEST AL,0F0H
        JZ HIGH
        TEST AL,0FH
        JZ LOWW
        JMP STOP
ZERO : MOV DX,01F3H
        MOV AL,0FFH
        OUT DX,AL
        JMP STOP
HIGH: MOV DX,01F3H
        MOV AL,0F0H
        OUT DX,AL
OWW:  MOV DX,01F3H
        MOV AL,0FH
```

```
        OUT DX,AL
STOP:  HLT
```

3. 编写 8259A 的初始化程序。系统中仅有一片 8259A,允许 8 个中断源边沿触发,不需要缓冲,采用一般全嵌套方式工作,中断向量为 40H。

解:设 8259A 的地址为 FF00H~FF01H。其初始化顺序为 ICW1、ICQ2、ICW3、ICW4。对单片 8259A 系统,不需初始化 ICW3。程序如下:

```
SET8259: MOV DX,0FF00H          ;置 ICW1,A0=0
         MOV AL,13H             ;单片,边沿触发,需要 ICW4
         OUT DX,AL
         MOV DX,0FF01H          ;置 ICW2,A0=1
         MOV AL,40H             ;中断向量码=40H
         OUT DX,AL
         MOV AL,03H             ;ICW4,8086/8088 模式,一般全嵌套,非缓冲
         OUT DX,AL
         HLT
```

4. 一个 I/O 设备和处理器采用中断方式通信,该设备占用的中断类型号为 40H,中断服务程序的名字为 MY_INT。写出设置该中断类型中断向量的程序段。

解:在实地址模式下,中断向量表位于从物理地址 0 开始的存储区域中。n 号中断的中断向量保存在逻辑地址为 $0:n \times 4$ 开始的 4 字节中。这里,$n=40H$,$40H \times 4 = 0100H$。即中断向量在内存中的逻辑地址为 $0:0100H$。

程序代码如下:

```
PUSH  AX
PUSH  DS
CLI
MOV AX, 0
MOV DS, AX
MOV SI, 0100H
MOV AX,OFFSET MY_INT
MOV [SI], AX
MOV  AX, SEG MY_INT
MOV [SI+2], AX
STI
POP  DS
POP  AX
```

第7章 串行与并行数字接口

7.1 填空题

1. 在串行通信中,有 3 种数据传送方式,分别是单工方式、(全双工)方式和(半双工)方式。

解:按照数据流的传送方向,串行通信可分为全双工、半双工和单工 3 种基本传输方式。只允许一个方向传送信息的称为单工方式;仅有 1 条通信线路,可分时接收或发送信息的称为半双工通信;有 2 条通信线路,可同时收发信息的是全双工方式。

2. 根据串行通信规程规定,收发双方的(波特率)必须保持相同,才能保持数据的正确传送。

解:波特率是指单位时间内传送二进制数据的位数,即数据传输率,是收发双方必须保持相同的参数。

3. 在嵌入式系统中,适合于短距离通信的接口主要有(SPI)、(I²C)和(UART),它们的通信距离通常不超过 1m。

解:SPI、I²C 和 UART 是嵌入式系统中非常常用的三种通信协议。SPI 和 I²C 一般用于芯片和芯片之间或者其他元器件和芯片之间通信。UART 主要面向两个设备之间的通信,如用于嵌入式设备和计算机的通信。I²C 采用半双工同步串行传输,SPI 和 UART 为全双工同步串行传输。

4. 嵌入式系统中,如果要实现距离超过 1m 的设备之间的串行通信,可以借助(RS-232、RS-422、RS-485)等串行通信接口。

解:详见主教材 7.2.2 节。

5. 8253 可编程定时/计数器有两种启动方式,在软件启动时,要使计数正常进行,GATE 端必须为(高)电平,在硬件启动时该端必须为(上升沿)电平。

解:按照 8253 定时/计数器的启动方式,当采用软件启动时,GATE 端必须为高电平;若采用硬件启动,则 GATE 端必须出现一个由低到高的电信号跳变,即上升沿,计数器才能正常开始计数。

6. 在 8255 并行接口中,能够工作在方式 2 的端口是(A)端口。

解:虽然 8255 的三个端口都可以作为输出口或输入口,但只有 A 端口可以无须重新初始化,仅由选通控制信号控制其输入或输出。

7.2 简答题

1. 一般来讲，接口芯片的读写信号应与系统的哪些信号相连？

解：一般来讲，接口芯片的读写信号应与系统总线的"接口读"或"接口写"信号相连。在 8088/8086 系统中，系统总线采用 16 位的 ISA(Industry Standard Architecture)总线标准。ISA 系统总线中的 I/O 读写信号分别为 $\overline{\text{IOR}}$(接口读)和 $\overline{\text{IOW}}$(接口写)。

2. 说明平衡式传输和非平衡式传输的适用场合。

解：非平衡式传输方式因容易受到共模干扰的影响，更适用于近距离通信。平衡式传输因具有较好的抗干扰能力，更适合于远距离通信。

3. 说明 8253 的 6 种工作方式。其时钟信号 CLK 和门控信号 GATE 分别起什么作用？

解：可编程定时/计数器 8253 具有 6 种不同的工作方式。CLK 为外部时钟输入信号，是各种工作方式的基准时钟。GATE 是门控信号，用于控制计数的启动和停止。采用软件启动的工作方式中，要求 GATE=1 才允许计数，GATE=0 则停止计数。对采用硬件启动的工作方式，则仅当 GATE 出现由低电平到高电平的跳变(上升沿)时才允许计数。

8253 的 6 种工作方式的特点可以简单总结为：

- 方式 0：软件启动、不自动重复计数。计数结束后 OUT 端输出高电平。
- 方式 1：硬件启动、不自动重复计数。计数结束后 OUT 端输出高电平，得到一个宽度为计数初值 N 个 CLK 脉冲周期宽的负脉冲。
- 方式 2：既可软件启动，也可以硬件启动。可自动重复计数。计数过程中(进入稳定状态后)，OUT 端会连续输出宽度为 T_{clk} 的负脉冲，其周期为 $N \times T_{clk}$，所以方式 2 也称为分频器，分频系数为计数初值 N。
- 方式 3：也可有两种启动方式，自动重复计数。OUT 端连续输出对称方波。若计数初值 N 为偶数，则输出频率为 $(1/N) \times F_{clk}$ 对称方波；若 N 为奇数，则输出波形不对称，其中 $(N+1)/2$ 个时钟周期高电平，$(N-1)/2$ 个时钟周期低电平。方式 3 也是一种分频器。
- 方式 4 和方式 5 都是在计数结束后输出一个 CLK 脉冲周期宽的负脉冲，且均为不自动重复计数方式。区别在方式 4 是软件启动，而方式 5 为硬件启动。

4. 8255 各端口可以工作在几种方式下？当端口 A 工作在方式 2 时，端口 B 和 C 工作于什么方式下？

解：8255 各端口均可以工作在方式 0 和方式 1 下，而端口 A 则可以工作在方式 0、方式 1 及方式 2 三种方式下。当端口 A 工作在方式 2 时，端口 B 可工作于方式 0 或方式 1，端口 C 的剩余端只能工作于方式 0。

5. 比较并行通信与串行通信的特点。

解：并行通信是在同一时刻发送或接收一个数据的所有二进制位。其特点是接口数据的通道宽，传送速度快，效率高。但硬件设备的造价较高，常用于高速度、短传输距离的场合。串行通信是将数据一位一位地传送。其特点是传送速度相对较慢，但设备简单，需要的传输线少，成本较低。所以常用于远距离通信。

7.3 设计题

1. 若 8253 芯片的接口地址为 D0D0H～D0D3H,时钟信号频率为 2MHz。现利用计数器 0、1、2 分别产生周期为 $10\mu s$ 的对称方波且每 1ms 和 1s 产生一个负脉冲,画出其与 8088 系统的电路连接图,并编写包括初始化在内的程序。

解:根据题目要求可知,计数器 0(CNT_0)工作于方式 3,计数器 1(CNT_1)和计数器 2(CNT_2)工作于方式 2。时钟频率 2MHz,即周期为 $0.5\mu s$,从而得出各计数器的计数初值分别为:

CNT_0: $10\mu s/0.5\mu s = 20$

CNT_1: $1ms/0.5\mu s = 2000$

CNT_2: $1s/0.5\mu s = 2\times10^6$

显然,计数器 2 的计数初值已超出了 16 位数的表达范围,需经过一次中间分频,可将 OUT_1 端的输出脉冲作为计数器 2 的时钟频率。这样,CNT_2 的计数初值就等于 $1s/1ms = 1000$。线路连接如图 7-1 所示。

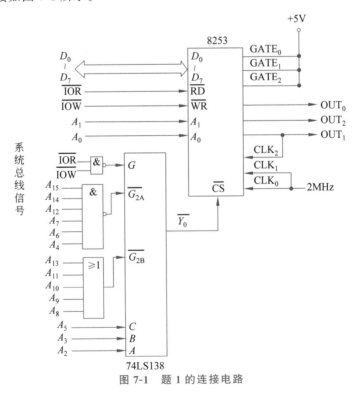

图 7-1 题 1 的连接电路

8253 的初始化程序如下:

```
MOV DX,0D0D3H
MOV AL,16H                          ;计数器 0,低 8 位计数,方式 3
```

```
        OUT DX,AL
        MOV AL,74H                      ;计数器 1,双字节计数,方式 2
        OUT DX,AL
        MOV AL,0B4H                     ;计数器 2,双字节计数,方式 2
        OUT DX,AL
        MOV DX,0D0D0H
        MOV AL,20                       ;送计数器 0 计数初值
        OUT DX,AL
        MOV DX,0D0D1H
        MOV AX,2000                     ;送计数器 1 计数初值
        OUT DX,AL
        MOV AL,AH
        OUT DX,AL
        MOV DX,0D0D2H
        MOV AX,1000                     ;送计数器 2 计数初值
        OUT DX,AL
        MOV AL,AH
        OUT DX,AL
```

2. 某计算机应用系统采用 8253 的计数器 0 作频率发生器,输出频率为 500Hz;用计数器 1 产生 1000Hz 的连续方波信号,输入 8253 的时钟频率为 1.19MHz。初始化时送到计数器 0 和计数器 1 的计数初值分别为多少? 计数器 1 工作于什么方式下?

解:计数器 0 工作于方式 2,其计数初值=1.19MHz/500Hz=2380。

计数器 1 工作于方式 3,起计数初值=1.19MHz/1KHz=1190。

3. 某 8255 芯片的地址范围为 A380H～A383H,工作于方式 0,A 端口、B 端口为输出口,现欲将 PC4 置 0,PC7 置 1,试设计该 8255 芯片与 8088 系统的连接图,并编写初始化程序。

解:该 8255 芯片的初始化程序包括置方式控制字及 C 端口的按位操作控制字。初始化程序代码如下:

```
        MOV DX,0A383H                   ;内部控制寄存器地址送 DX
        MOV AL,80H                      ;方式控制字
        OUT DX,AL
        MOV AL,08H                      ;PC₄ 置 0
        OUT DX,AL
        MOV AL,0FH                      ;PC₇ 置 1
        OUT DX,AL
```

4. 设 8255 的接口地址范围为 03F8H～03FBH,A 组 B 组均工作于方式 0,A 端口作为数据输出口,C 端口低 4 位作为控制信号输入口,其他端口未使用。画出该 8255 芯片与系统的电路连接图,并编写初始化程序。

解:8255 芯片与系统的电路连接如图 7-2 所示。由于 C 端口没有用作输出口,仅低 4 位作为输入口,因此无须对 C 端口置位控制字,只需写入方式控制字。

该 8255 芯片的初始化程序如下:

```
MOV DX,03FBH
MOV AL,81H
OUT DX,AL
```

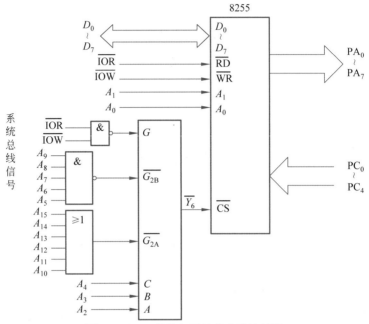

图 7-2   **8255 芯片与系统的电路连接图**

5. 已知某 8088 微机系统的 I/O 接口电路框图如图 7-3 所示。

(1) 根据图中接线,写出 8255、8253 各端口的地址。

(2) 编写 8255 和 8253 的初始化程序。其中,8253 的 OUT_1 端输出 100Hz 方波,8255 的 A 端口为输出,B 端口和 C 端口为输入。

(3) 为 8255 编写一个 I/O 控制子程序,其功能为:每调用一次,先检测 PC_0 的状态,若 $PC_0=0$,则循环等待;若 $PC_0=1$,可从 PB 端口读取当前开关 K 的位置(0~7),经转换计算从 A 端口的 $PA_0 \sim PA_7$ 输出该位置的二进制编码,供 LED 显示。

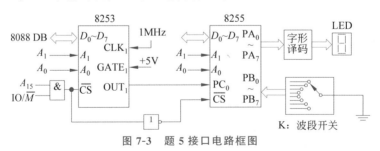

图 7-3   **题 5 接口电路框图**

解:(1) 由图 7-3 知,由于 8255 和 8253 芯片均为 I/O 接口芯片,故此时 IO/$\overline{M}$=1。因此,当 $A_{15}=0$ 时,选中 8253;当 $A_{15}=1$ 时,会使 8255 芯片被选中。由此得出两个芯片的地址范围为:

8255 的地址范围:8000H~FFFFH

8253 的地址范围：0000H～7FFFH

（2）初始化程序：

```
;初始化 8255
    MOV DX,8003H
    MOV AL,8BH                   ;方式控制字,方式 0,A 端口输出,B 端口和 C 端口输入
    OUT DX,AL
;初始化 8253
    MOV DX,0003H                 ;内部寄存器端口地址
    MOV AL,76H                   ;计数器 1,先写低 8 位/后写高 8 位,方式 3,二进制计数
    OUT DX,AL
    MOV DX,0001H                 ;计数器 1 端口地址
    MOV AX,10000                 ;设计数初值=10000
    OUT DX,AL
    MOV AL,AH
    OUT DX,AL
```

（3）8255 控制子程序：

```
;定义显示开关位置的字形译码数据
DATA SEGMENT
BUFFER DB 3FH,06H,5BH,0FH,66H,6DH,7CH,07H
DATA ENDS
;
CODE SEGMENT
        ASSUME CS:CODE,DS:DATA
MAIN    PROC
        PUSH DS
        MOV AX,DATA
        MOV DS,AX
        CALL DISP
        POP DS
        RET
MAIN    ENDP
    ;输出开关位置的二进制码程序
DISP    PROC
        PUSH CX
        PUSH SI
        XOR CX,CX
        CLC
        LEA SI,BUFFER
        MOV DX,8002H
WAITT:  IN AL,DX
        TEST AL,01H
        JZ WAITT
        MOV DX,8001H
        IN AL,DX
NEXT:   SHR AL,1
        INC CX
```

6. 利用可编程并行接口 8255(端口地址：288H～28BH)实现竞赛抢答器。用逻辑电平开关 K_0～K_7 分别代表 0～7 号抢答按钮，当某个开关闭合(置 1)时，相当于该抢答按钮按下。利用七段数码管显示当前抢答按钮的编号，同时驱动发声器发出一下响声。当在键盘上按空格键时开始下一轮抢答，按其他键时退出程序。

按照上述要求，设计相应的硬件线路图，并编写完成上述功能的程序。

解：根据题目要求，设计硬件线路如图 7-4 所示。按照图 7-4 的设计，可以得出：要使七段数码管相应的段亮，则对应的 PA 位应输出 1。由此得出显示 0～7 时 PA_7～PA_0 应输出的编码为 3FH,06H,5BH,4FH,66H,6DH,7DH,07H。

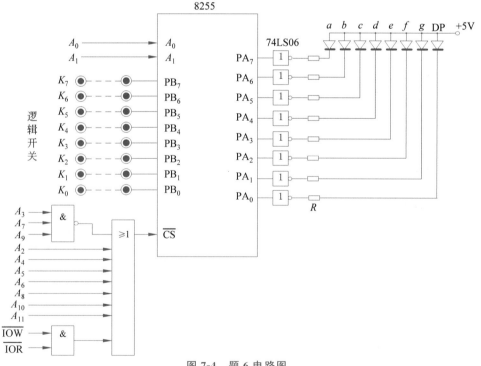

图 7-4 题 6 电路图

程序代码如下：

```
DSEG SEGMENT
    SEG7 DB 3FH,06H,5BH,4FH,66H,6DH,7DH,07H
DSEG ENDS
CSEG SEGMENT
    ASSUME CS:CSEG,DS:DSEG
START: MOV AX,DSEG
       MOV DS,AX
       MOV DX,28BH              ;初始化方式控制字
       MOV AL,89H
       OUT DX,AL
       LEA BX,SEG7
L1:    MOV DX,289H              ;由 PB 口读入按钮状态
       IN AL,DX
       OR AL,AL
       JE L1                    ;若 AL=0,表示无键按下,继续检测
       MOV CL,0FFH              ;初始化 CL,用于存放按钮编号
L2:    SHR AL,1                 ;从最低位起,依次循环检测为 1 的按钮
       INC CL
       JNC L2
       MOV AL,CL                ;CL 值即按下按键的编号,送 AL
       XLAT                     ;获取抢答按钮编号对应的七段码的编码
       MOV DX,288H
       OUT DX,AL
       MOV DL,7                 ;7 是响铃(Bell)的 ASCII,输出 7 使驱动器发出一下响声
       MOV AH,2
       INT 21H
L3:    MOV AH,1
       INT 21H
       CMP AL,20H               ;判断是否有空格键(SP)按下
       JNE STOP                 ;若无空格键按下,则退出程序
       MOV AL,0                 ;若是空格键按下,则继续下一轮抢答
       MOV DX,288H
       OUT DX,AL
       JMP L1
STOP:  MOV AH,4CH
       INT 21H
    CSEG ENDS
END START
```

第 8 章　模拟量的输入输出

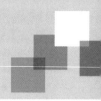

8.1　填空题

1. 在模拟量输入通道中,将非电的物理量转换为电信号的器件是（　传感器　）。

解：传感器的作用就是将非电物理量转换为电信号。

2. 8 位的 D/A 转换器的分辨率是（　1/255　）。

解：分辨率是表示输入每变化一个最低有效位时,（　LSB　）使输出变化的程度。因此,分辨率可以用 1 个 LSB 表示,也可以直接用字长表示。8 位 D/A 转换器的最低有效位 $LSB=1/(2^8-1)$,所以 8 位 D/A 转换器的分辨率就等于 1/255,也可以直接说其分辨率是 8 位。

3. 某测控系统要求计算机输出模拟控制信号的分辨率必须达到 1‰,则应选用的 D/A 转换器芯片的位数至少是（　10 位　）。

解：因为 D/A 芯片的分辨率 $=1/(2^n-1)$,所以,要使计算机输出模拟控制信号的分辨率达到 1‰,则应选用的 D/A 芯片的位数至少是 10 位。

4. 一个 10 位的 D/A 转换器,如果输出满刻度电压值为 5V,则一个最低有效位对应的电压值等于（　5/1023V　）。

解：由分辨率的定义知,一个 10 位 D/A 变换器的分辨率 $=1/1023$,若输出满刻度电压值为 5V,则其一个 LSB 对应的电压值 $=5/1023≈4.89\text{mV}$。

5. 满量程电压为 10V 的 8 位 D/A 变换器,其最低有效位对应的电压值为（　10/255V　）。

解：由分辨率的定义知,满量程电压为 10V 的 8 位 D/A 变换器,其 LSB 对应的电压值 $=10/255\text{V}≈39.22\text{mV}$。

6. 设被测温度的变化范围为 0℃～100℃,若要求测量误差不超过 0.1℃,应选用分辨率为（　9　）位的 A/D 转换器。

解：由题目知,量化误差 $=(1/2)\Delta=0.1$,即 $(1/2)(100/2^n-1)=0.1$,

从而得 $n≈9$,即至少应选用分辨率为 9 位的 A/D 转换器。

7. 某螺杆加工机床控制系统带有变径、变深、变距控制,其控制信号由 3 片 DAC0832 转换控制,其三路控制要求同步进行,则 3 片 DAC0832 应工作在（　双缓冲　）模式下。

解：因要求 3 路控制要同步进行,即需要同步输出 3 路模拟信号,故需要使 3 片 DAC0832 工作于双缓冲模式。实现异步输入,同步输出。

8.2 简答题

1. 说明将一个工业现场的非电物理量转换为计算机能够识别的数字信号主要需经过哪几个过程?

解:将工业现场的非电物理量转换为计算机能够识别的数字信号的过程就是模拟量的输入信道,主要需经过以下几个环节:

① 由传感器将非电的物理量转换为电信号,再由变送器将传感器输出的微弱电信号转换成统一的电信号[①]。

② 信号处理。去除叠加在变送器输出信号上的干扰信号,并将其进行放大或处理成与 A/D 转换器所要求的输入相适应的电压水平。

③ 如果是多路模拟信号共享一个 A/D 转换器,则需添加多路转换开关。

④ 采样保持。因完成一次 A/D 转换需要一定的时间,而转换期间要求保持输入信号不变,所以增加采样保持电路,以保证在转换过程中输入信号始终保持在其采样时的值。

⑤ A/D 变换。将输入的模拟信号转换为计算机能够识别的数字信号。

2. A/D 转换器和 D/A 转换器的主要技术指标有哪些?影响其转换误差的主要因素是什么?

解:D/A 和 A/D 转换器的主要技术指标有分辨率、转换精度、转换时间、线性误差和动态范围等。其中,反映 A/D 转换器转换精度的指标中,对应分辨率的是量化间隔和量化误差等。

影响转换误差的主要因素除由位数产生的转换误差(即分辨率)外,还有非线性误差、温度系数误差、电源波动误差及运算放大器误差等。

3. DAC0832 在逻辑上由哪几部分组成?可以工作在哪几种模式下?不同工作模式在线路连接上有什么区别?

解:DAC0832 在逻辑上包括一个 8 位的输入寄存器、一个 8 位的 DAC 寄存器和一个 8 位的 D/A 转换器 3 部分。可以工作在 3 种模式下,即双缓冲模式、单缓冲模式及直通模式。

在双缓冲模式下,CPU 对 DAC0832 要进行两步写操作:先将数据写入输入寄存器,再将输入寄存器的内容写入 DAC 寄存器,并进行一次变换。即此时 DAC0832 占用两个接口地址,可将 ILE 固定接 +5V,$\overline{WR_1}$、$\overline{WR_2}$ 接到 $\overline{IOW}$,$\overline{CS}$ 和 $\overline{XFER}$ 分别接到两个端口的地址译码信号线。

当工作于单缓冲模式时,数据写入输入寄存器后将直接进入 DAC 寄存器,并进行一次变换。此时 DAC0832 仅占用一个接口地址,故在线路连接上,只需通过 ILE、$\overline{WR_1}$ 和 $\overline{CS}$ 进行控制,通常仍将 ILE 固定接 +5V,$\overline{WR_1}$ 接 $\overline{IOW}$,$\overline{CS}$ 到地址译码器的输出端。$\overline{WR_2}$ 和 $\overline{XFER}$ 直接接地。

直通工作方式是将 $\overline{CS}$、$\overline{WR_1}$、$\overline{WR_2}$ 以及 $\overline{XFER}$ 引脚都直接接数字地,ILE 接 +5V,芯片处于直通状态,只要有数字量输入,就立刻转换为模拟量输出。

4. 如果要求同时输出 3 路模拟量,则 3 片同时工作的 DAC0832 最好采用哪一种工作

---

① 传感器和变送器通常集成为一个整体。另外,这里的传感器主要指输出模拟信号的传感器。

模式?

解:考虑到3路模拟量需同步输出,可使3片DAC0832工作于双缓冲模式,使3路数字量先分别锁存到3片DAC0832的输入寄存器,再同时打开各自的DAC寄存器,使3路模拟量同时输出。

5. 某8位D/A转换器的输出电压为0～5V。当输入的数字量为40H、80H时,其对应的输出电压分别是多少?

解:当输出电压为0V时,对应的数字量输入为00H;输出为5V时,输入为FFH。所以,当输入的数字量为40H、80H时,其对应的输出电压分别约为1.255V和2.451V。

8.3　设计题

1. 设DAC0832工作在单缓冲模式下,端口地址为034BH,输出接运算放大器。画出其与8088系统的线路连接图,并编写输出三角波的程序段。

解:工作于单缓冲模式,可以使DAC0832芯片的$\overline{WR_2}$和$\overline{XFER}$引脚直接接地,以使DAC寄存器处于直通状态。根据给定端口地址,设计线路图如图8-1所示。

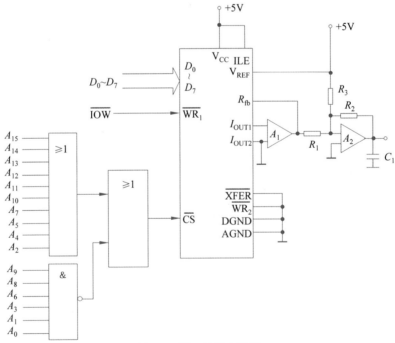

图 8-1　题1设计电路图

因DAC0832为8位,故其最大输出对应的二进制码是FFH,而最小输出对应0。现利用该芯片输出连续的三角波的程序如下:

```
START: MOV DX,034BH
NEXT1: INC AL
```

```
        OUT DX,AL
        CMP AL,0FFH              ;比较是否达到最大值
        JNE NEXT1
NEXT2:  DEC AL                   ;达到最大值则减 1
        OUT DX,AL
        CMP AL,00H               ;比较是否达到最小值
        JNE NEXT2
        JMP NEXT1
```

2. 某工业现场的 3 个不同点的压力信号经压力传感器、变送器及信号处理环节等分别送入 ADC0809 的 IN_0、IN_1 和 IN_2 端。计算机循环检测这 3 点的压力并进行控制。编写数据采集程序。

解：参照主教材中的例 8-4,利用可编程并行接口 8255 芯片作为数字接口,其端口地址为 3F0H～3F3H。设计基于 ADC0809 的 3 通道数据采集系统如图 8-2 所示。

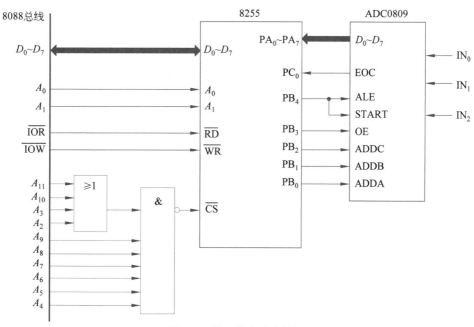

图 8-2　题 2 的电路连接图

巡回检测三路模拟量的数据采集程序如下：

```
        LEA SI, RESULT
        CALL INIT_8255          ;调用 8255 初始化子程序
        MOV BL,0                ;通道地址设置,初始指向 IN0
        MOV CX,3                ;设置循环采集次数
AGAIN:  MOV AL,BL
        MOV DX,3F1H
        OUT DX,AL               ;送通道地址
        OR AL,10H
        OUT DX,AL               ;送 ALE 信号(上升沿)
        AND AL,0EFH
```

```
                OUT DX,AL          ;输出 START 信号(下降沿)
                NOP                ;空操作等待转换结果
                MOV DX,3F2H
WAIT1:          IN AL,DX           ;读 EOC 状态
                AND AL,1
                JZ WAIT1           ;若 EOC 为低电平则等待
                MOV DX,3F1H
                MOV AL,BL
                OR AL,8
                OUT DX,AL          ;输出读允许信号 OE=1
                MOV DX,3F0H
                IN AL,DX           ;读入变换结果
                MOV [SI],AL        ;将转换结果送存储器
                AND AL,0F7H
                OUT DX,AL          ;使读允许信号 OE=0
                INC SI             ;修改指针
                INC BL             ;修改通道地址值
                LOOP AGAIN         ;若未采集完则再采集下一路数据
                MOV DX,3F1H
                MOV AL,0
                OUT DX,AL          ;若 3 路数据已采集完则回到初始状态
                JMP STOP
INIT_8255 PROC NEAR               ;8255 初始化子程序
                MOV DX,3F3H
                MOV AL,91H         ;8255 方式控制字
                OUT DX,AL
                RET
INIT_8255 ENDP
      STOP: MOV AH,4CH
                INT 21H
      CSEG  END
                END START
```

3. 某 11 位 A/D 转换器的引线及工作时序如图 8-3 所示,利用不小于 $1\mu s$ 的后沿脉冲(START)启动变换。当$\overline{BUSY}$端输出低电平时表示正在变换,$\overline{BUSY}$变高则变换结束。为获得变换好的二进制数据,必须使$\overline{OE}$为低电平。现将该 A/D 转换器与 8255 相连,8255 的地址范围为 03F4H~03F7H。画出线路连接图,编写包括 8255 初始化程序在内的、能完成一次数据变换并将数据存放在 DATA 中的程序。

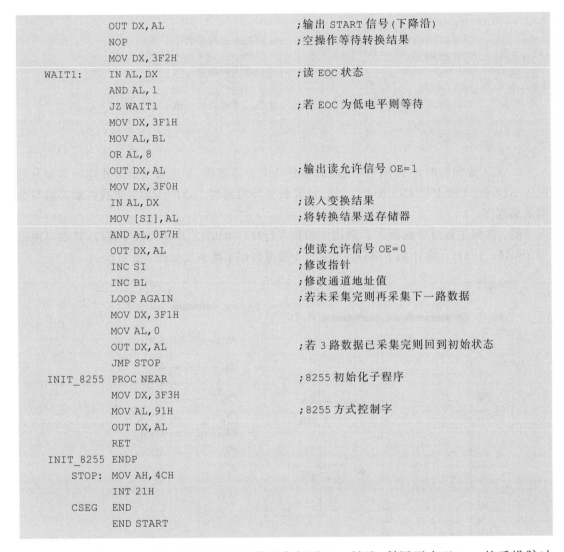

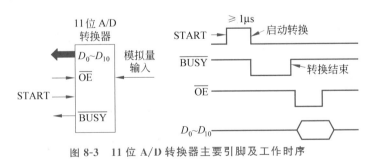

图 8-3 11 位 A/D 转换器主要引脚及工作时序

解：用 8 位可编程接口芯片 8255 读入 11 位 A/D 转换器的转换结果，需要利用 8255 的两个端口，假设用 PA 端口读入转换结果的第 8 位，PB 口的低 3 位读完转换结果的高 3 位，设计线路连接如图 8-4 所示。

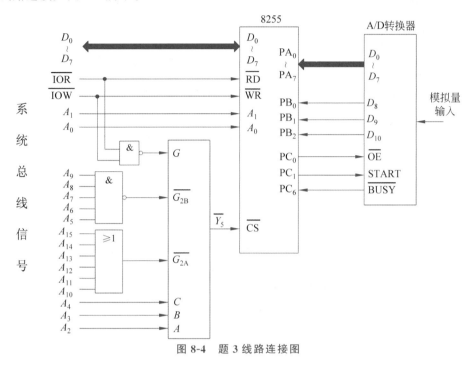

图 8-4　题 3 线路连接图

程序设计如下：

```
;8255的初始化程序
    INIT PROC NEAR
        PUSH DX
        PUSH AX
        MOV DX,03F7H
        MOV AL,9AH              ;方式0,A、B端口输入,C端口高4位输入,低4位输出
        OUT DX,AL
        MOV AL,01H              ;PC0初始置1
        OUT DX,AL
        MOV AL,02H
        OUT DX,AL              ;PC1初始置0
        POP AX
        POP DX
        RET
    INIT ENDP
    ;完成一次数据采集程序
START:  MOV AX,SEG DATA
        MOV DS,AX
        MOV SI,OFFSET DATA
        CALL INIT              ;初始化8255
        MOV DX,03F6H
```

```
        MOV AL,03H              ;输出 START 信号
        OUT DX,AL
        NOP                     ;空操作使 START 脉冲不小于 1μs
        MOV AL,01H
        OUT DX,AL               ;空操作等待转换
WAITT:  IN AL,DX                ;读 BUSY 状态
        AND AL,40H
        JZ WAITT                ;若 BUSY 为低电平则等待
        AND AL,0FEH
        OUT DX,AL               ;EOC 端为高电平则输出读允许信号 OE=0
        MOV DX,03F5H
        IN AL,DX                ;读入变换结果的高 3 位
        MOV [SI],AL             ;将转换的数字量送存储器
        INC SI
        MOV DX,03F4H
        IN AL,DX                ;读入变换结果的低 8 位
        MOV [SI],AL
        HLT
```

4. 图 8-5 所示为一个 D/A 转换接口电路,DAC0832 输出电压范围为 0~5V,8255A 的地址为 300H~303H。编写实现如下功能的程序段:

(1) 设置 8255A 的 B 端口,使 DAC0832 按单缓冲方式工作。

(2) 使 DAC0832 输出形如图 8-6 所示的 1~4V 的锯齿波。

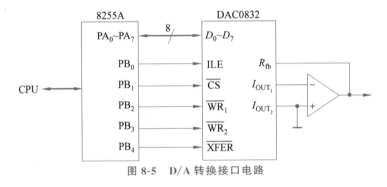

图 8-5　D/A 转换接口电路

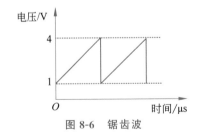

图 8-6　锯齿波

解:1V 对应的数字量=51,4V 对应的数字量=204。

程序如下:

```
OUTP  MACRO PORT,VALUE
      MOV  DX, PORT
```

```
        MOV  AL, VALUE
        OUT  DX, AL
        ENDM
;===========================
        OUTP 303H, 10000000B            ; 8255 工作方式 0, A 端口输出, B 端口输出
        OUTP 301H, 0                    ; 单缓冲方式:CS=WR₁=WR=XFER=ILE=0
SAW:    MOV  AH, 51                     ; 数字量初值(1V)
L:      OUTP 300H, AH                   ; 输出数字量
        OUTP 301H, 1                    ; ILE=1,锁存数字量,转换输出
        OUTP 301H, 0
        INC  AH
        CMP  AH, 204                    ; 判断超出上限(4V)
        JBE  L                          ; 未超出,继续上升
        JMP  SAW
```

第9章　计算机在自动控制与可穿戴式健康监测系统中的应用

9.1　填空题

1.计算机控制过程一般分为（　实时数据采集　）、（　实时决策　）和（　实时控制　）3 个基本步骤。

解：计算机控制过程一般分为实时数据采集、实时决策和实时控制 3 个基本步骤。其中，实时数据采集是对被控参数的瞬时值进行检测和输入，实时决策是对采集到的被控参数的状态量进行分析，并按给定的控制规律决定进一步控制过程，实时控制是根据决策实时向控制机构发出控制信号。

2.计算机控制系统的主要应用类型有数据采集、直接数字控制、（　监督计算机控制　）、（　分布式控制　）和现场总线控制等。其中，（　现场总线控制系统　）代表了工业控制体系结构发展的一种新方向。

解：详见主教材 9.1.1 节。

3.自动控制方式主要分为开环控制和（　闭环控制　）。

解：开环控制和闭环控制是两种非常典型的自动控制系统。

4.开环控制是不将系统的（　输出　）再反馈到输入的系统。

解：相对于闭环控制，开环控制是一种简单的控制系统，其主要特征就是不将系统的输出再反馈到输入。即输出不再反馈到输入端。

5.PID 控制的含义是比例、（　积分　）和（　微分　）控制。

解：PID 控制是模拟控制系统最常用的一种控制算法。其中，P 表示比例控制（Proportional），用于成比例地反映控制系统的误差信号，在出现偏差时通过改变信号幅值进行控制，缩小偏差。积分控制主要用于消除静差，提高系统的无差度。微分控制反映误差信号的变化趋势，可以预测系统的变化。

详见主教材 9.3.2。

6.可穿戴健康监测系统通常都由（　生理及运动信息采集　）、（　通信　）和（　数据分析　）等 3 个模块组成。

解：可穿戴健康监测系统通常由前端的生理及运动信息采集模块、中间的通信模块、后端的数据分析模块等 3 个模块组成。

9.2　简答题

1. 在计算机自动控制系统的应用中，为什么经常需要使用 A/D 和 D/A 转换器？它们各有什么用途？

解：在计算机控制系统中，由于工业控制计算机的输入和输出是数字信号，而现场采集到的信号或送到执行机构的信号大多是模拟信号，因此与传统的闭环负反馈控制系统相比，计算机控制系统需要有 D/A 转换和 A/D 转换这两个环节。

2. 说明在直流电机调速系统中使用微机控制和不使用微机控制的区别。

解：传统的直流电机调速系统采用的是模拟控制方式，其优点是物理概念清晰、控制信号流向直观等；缺点是控制规律体现在硬件电路上，线路复杂、通用性差，并且控制效果易受电路的元器件性能和环境温度等因素影响。

微机控制直流电机调速系统采用的是数字控制方式，具有性能稳定、可靠性高、抗干扰能力强等优点，同时还拥有信息存储、数据通信和故障诊断等传统模拟控制方式无法实现的功能。

3. 说明开环控制和闭环控制的特点。

解：开环控制系统是指不将系统的输出再反馈到输入影响当前控制的系统。闭环控制主要利用负反馈原理。通过一定的方法和装置，将控制系统输出信号的一部分或全部反送回系统的输入端，使反馈信息与原输入信息进行比较，并将比较的结果施加于系统进行控制，以避免系统偏离预定目标。

4. 说明工业过程控制的特点。

解：工业过程控制是针对流程工业特点的自动控制系统，多采用闭环控制方式。系统以工艺参数作为被控变量，目标是使被控量接近给定值或保持在给定范围内。过程控制的对象通常具有大惯性、状态变化和过程变量反应比较缓慢等特点。

9.3　设计题

说明：以下 4 道题目为开放型自主设计题目，答案不唯一。建议综合本书所学知识，独立完成。

1. 基于主教材 9.2.2 节的案例描述，尝试利用所学知识，完成宾馆火灾自动报警系统的软硬件设计。

习题 9.3.1

2. 基于主教材 9.3.4 节的案例描述，尝试利用所学知识，完成水库水位自动监控系统的软硬件设计。

习题 9.3.2

3. 对主教材图 9-12 所示的微机直流电机双闭环调速系统，假设利用 8088 微处理器进行控制，A/D 转换和 D/A 转换分别使用 ADC0809 和 DAC0832 转换器，并通过可编程并行接口8255与8088微处理器相连,利用8253定时启动反馈采样。尝试设计系统硬件电路图,并基于主教材图9-13所示的直流电机双闭环调速控制流程,编写相应的控制程序(假设ASR和ACR调节子程序已完成,可直接调用)。

4. 了解一种具体型号的ARM处理器,并在此基础上完成主教材9.4.2节介绍的记录装置的软硬件设计。

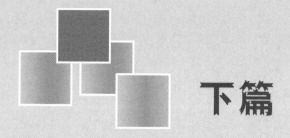

下篇

微机原理与接口技术实验指导

本书下篇为软硬件设计实验指导,包含软硬件实验环境、指令集与基本汇编语言程序设计、综合程序设计、存储器与简单 I/O 接口设计、可编程数字接口电路设计以及模拟接口设计等 16 项实验,并从第 12 章起,每章给出了一个典型设计案例,作为拓展内容。

配合主教材的主体内容,本书实验中涉及的指令集全部为 Intel x86 处理器指令集。

第 10 章　软硬件设计实验环境介绍

在开启软硬件设计实验之前,需要清楚汇编语言程序设计的基本过程以及软硬件开发环境。由于存储器接口和 I/O 接口设计需要基于硬件实验平台,考虑到实验指导应有的普适性,故本书的硬件设计将基于虚拟仿真实验环境进行。

本章分为两节,分别介绍汇编语言程序设计开发环境和 Proteus 虚拟仿真实验平台。

10.1　汇编语言程序设计的实验环境

本节主要介绍汇编程序的主要功能、汇编语言程序设计的一般过程以及在当前 64 位操作系统环境下的汇编语言程序设计实验环境的搭建方法。

10.1.1　汇编程序及主要功能

用程序设计语言编写的程序都称为源程序。除了机器语言源程序,所有源程序都不能被计算机直接识别,当然也就无法直接运行。所以,各种程序设计语言编写的源程序都需要经过编译,转换为用 0 和 1 构成的机器语言程序。

各种高级语言都有自己的编译程序(或称编译器)。例如,Visual Studio 是微软公司推出的功能强大的编译器,它支持对 C/C++/C♯等高级语言源程序的编译、链接、调试等。与高级语言一样,汇编语言也有自己的编译器。与高级语言不同的是,通常将汇编语言的编译器称为汇编程序(而非编译程序)。

汇编程序是最早也是最成熟的一种系统软件,它的主要功能包括:

(1) 将汇编语言源程序翻译为机器语言程序,生成后缀为.obj 的目标程序。

(2) 根据用户的要求自动分配存储区域,包括程序区、数据区、暂存区等。

(3) 把用各种计数制表示的数据转换为二进制数,并将负数转换为补码。

(4) 将字符转换为 ASCII 码。本书所使用的宏汇编程序不支持中文字符。

(5) 计算表达式的值。

(6) 源程序检查。自动检查源程序中是否存在语法和词法错误。如果存在,则给出错误提示信息(如非法格式,未定义的助记符、标号,漏掉操作数等);如果不存在,则生成机器语言目标程序。

具有上述功能的汇编程序称为基本汇编程序。本书实验所使用的汇编程序是较基本汇编程序功能更加强大的宏汇编程序(MASM)。

宏汇编程序是具有宏加工功能的汇编程序。它在基本汇编程序基础上,增加了宏指令、结构、记录等高级汇编语言功能。允许在源程序中把一个指令序列定义为一条宏指令。之后,在使用的位置上用一条宏调用指令调用它们。如果源程序中有宏调用,汇编时会进行宏展开,即将所定义的宏体(目标代码)插入到该位置上,并用实参取代宏定义中的形参(有关宏定义和宏调用的具体描述请参见主教材 4.2.6 节)。

汇编语言

10.1.2　汇编语言程序设计的基本过程

图 10-1 表示汇编语言程序的建立及处理过程。与高级程序设计语言一样,一个汇编语言程序要能够被执行,也需要经过编写源程序、编译、链接、调试和运行等环节。

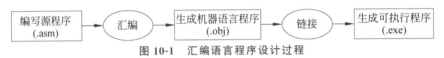

图 10-1　汇编语言程序设计过程

汇编语言程序设计过程如下:

(1) **源程序编写**。在编辑软件中编写汇编语言源程序。本实验中可以使用宏汇编程序自带的编辑程序 edit,也可以直接使用写字板(notepad)。

与所有文件操作一样,源程序编写完成后需要保存。源文件的命名一般应遵循:不与指令助记符或伪指令重名,不超过 31 个字符。特别需要注意的是,无论源程序文件起何种名字,在保存时必须加上扩展名.asm,例如:test.asm。

说明:汇编语言程序中不区分大小写字母。即 ASM 和 asm 具有完全相同的意义。

(2) **编译**。源程序编写完成后,用汇编程序将源程序"翻译"为机器语言程序,形成属性为 obj 的目标文件。在汇编过程中,如果源程序存在语法错误,则不能生成目标程序,必须返回编辑程序对源程序进行修改,直到汇编通过。**请注意**:汇编程序和所有编译程序一样,只能实现对语法、词法错误的检查(如操作数字长不匹配、变量名拼写错误等),无法检测出程序是否存在逻辑错误或运行错误。后者需要通过调试来判断和查找。

(3) **链接**。除源程序编写外,在多道程序环境中,要想将一个用户源程序变成一个可以在内存中执行的程序,通常还需要编译、链接和装入三个步骤。汇编程序将源程序翻译为目标程序(obj 文件)后,虽然已经是二进制文件,但还不能执行。还需要由链接程序将汇编后形成的目标程序及其所需要的库函数链接在一起,形成一个完整的装入模块。再由装入程序装入内存中才能真正被执行。

在源程序通过汇编(编译)生成了 obj 目标程序后(表示通过了语法检查),就可以链接了。请注意链接也可能出现错误,表现为无法生成可执行文件。最常见的是链接找不到 lib 库。在本书的宏汇编实验环境下,常见的链接错误是链接程序故障。

(4) **调试**。通过链接后,就可以运行程序了。但程序在执行过程中如果出现异常(例如提前退出等)或运行结果不正确(例如执行 2+5 后,屏幕上没有显示 7,而是显示出一个怪异的字符等),则说明存在运行错误或逻辑错误。上文已说到,汇编程序只能够检查源程序中是否存在语法错误,但无法检测程序是否存在运行错误和逻辑错误。这种情况下,就需要调试。

程序调试是发现程序中存在问题的有效手段。调试方法可以有多种,在本书所述的实验环境下,由于程序均为单模块程序,且代码行数都比较小,可以选择"单步执行"或"打断点"的方法来查找错误。

10.1.3　汇编语言实验环境搭建

汇编语言程序设计需要的硬件环境很简单,有一台安装了操作系统的微型计算机即可。若安装操作系统是 32 位的 Windows 7 等,则可以直接下载并安装宏汇编程序 MASM,或由个人开发的包含了不同版本工具组建的汇编开发工具包 MASM32。

若操作系统为 macOS,则需要先搭建虚拟机,如 Parallels Desktop[①]。然后在其上安装 Windows 10。考虑到目前的个人计算机基本均为 64 位机,故以下仅介绍在 Windows 10 等 64 位操作系统下搭建汇编语言开发环境的方法。

1. 下载 DOSBox 和宏汇编程序 MASM5.0

首先下载需要的工具软件,包括 DOSBox 和宏汇编程序(如 MASM5.0)。

DOSBox 是一个 DOS 模拟程序,它的作用是能够在 64 位环境下使用 32 位和 16 位的软件。由于采用了 SDL 库[②],故可以很方便地移植到其他的平台。目前,DOSBox 已经支持在 Windows、Linux、macOS X、BeOS 、palmOS、Android 、WebOS、OS/2 等系统中运行。以下给出两款软件的下载参考链接:

DOSBox:https://sourceforge.net/projects/dosbox/。
MASM5.0:http://www.winwin7.com/soft/51357.html

2. 实验环境搭建

双击打开 DOSBox 软件,按步骤进行安装。安装成功后,创建一个用于保存汇编程序和汇编文件(* .asm)的目录,如 D:\DEBUG,将下载的宏汇编程序解压到该目录下。

打开 DOSBox 程序,会出现如图 10-2 所示界面。在该界面依次输入命令行(不区分大

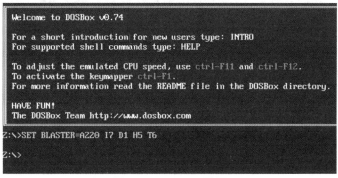

图 10-2　DOSBox 界面

---

① Parallels Desktop 是一款运行在 Mac 计算机上的虚拟机软件,用户可以在 macOS 下方便运行 Windows、Linux 等操作系统及应用。

② SDL(Simple DirectMedia Layer)库是一套开放源代码的跨平台多媒体开发库,提供有多种函数,可方便开发者开发出可跨多个操作系统平台(Linux、Windows、macOS X 等)的应用软件。

小写）：①MOUNT C C:\MASM5，回车；②C:回车，出现如图 10-3 所示页面。之后，在图 10-3 界面虚拟 C 盘下（光标处）输入 edit（图 10-4），就可以开始编程了。

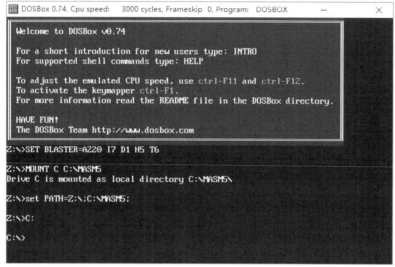

图 10-3　进入虚拟 C 盘

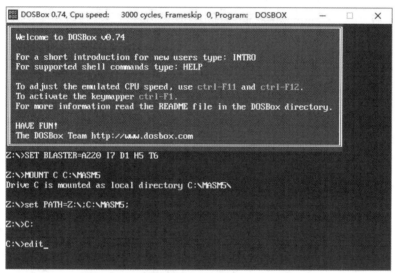

图 10-4　输入 edit

10.1.4　在 DOSBox 下的汇编语言程序设计实验步骤

与高级语言程序设计过程一样，汇编语言源程序编写完成后，也同样需要编译（汇编）、链接后才能运行。若编译（汇编）出错，需要返回编辑环境（edit）进行修改；若编译通过但出现运行错误，则需要进入调试环境进行调试。

在 DOSBox 下完成汇编语言程序设计的基本过程与 10.1.2 节所述完全相同，即：

（1）源程序编写，源程序文件名后缀须为.asm。

（2）汇编源程序，生成后缀为.obj 的目标程序文件。

（3）链接，生成后缀为.exe 的可执行程序文件。

（4）调试程序（td.exe）。

为了帮助读者理解汇编语言程序设计的过程，我们借助以下示例来对上述基本过程进行详细描述。

【**例 10-1**】　假设已经安装 DOSBox 和宏汇编程序 MASM。要求编写一个汇编语言程序，实现在屏幕上显示输出"Hello!"。

完成该题目，需要完成源程序编写、汇编、链接、调试执行等环节。

1. 编写源程序

按照图 10-4 所示输入命令 edit 后，进入图 10-5 所示编辑页面后，页面窗口的上边是菜单行，最下面一行是编辑键和功能键，可以用 Alt 键激活，然后用方向键选择菜单项。

在键盘上按 Esc 键，关闭页面上的版本信息，开始编写源程序。若希望编辑页面为全屏模式，可以按 Alt＋Enter 键。

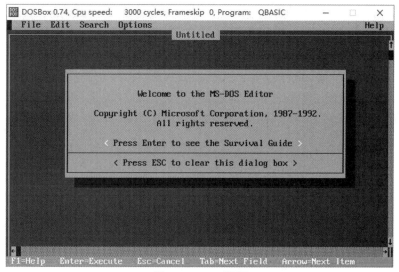

图 10-5　Edit 页面

源程序输入完毕后，按 Alt＋F 键打开 File 文件菜单，选择其中的 Save 功能将文件存盘（图 10-6），也可以在选中 File 菜单后，直接在键盘上按 S 键，相当于选择了 Save。

选择 Save 后，在图 10-7 所示的窗口中输入你想要保存的源程序的路径和文件名。

请注意：*保存源文件时，一定要加扩展名.asm。另外，建议源文件的保存路径直接选择当前路径，即按图 10-7 所示，直接在"File Name："中输入源文件名即可（如 hello.asm）。这样能给后面的汇编和链接操作带来很大方便。*

2. 用 masm.exe 汇编源程序

源程序编写完成后，在 File 菜单中选择 Exit，退回到图 10-3 所示界面，输入汇编命令 MASM（可在命令后直接输入源程序名），按照图 10-8 所示步骤操作。

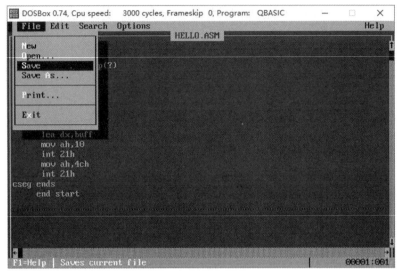

图 10-6　保存菜单

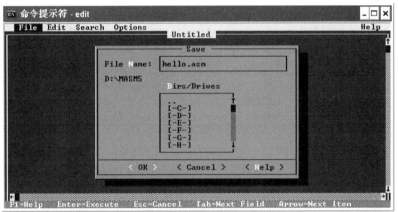

图 10-7　源程序文件保存

对汇编过程中出现的 Object filename、Source listing 和 Cross-reference 等选项可以直接按 Enter 键。

请注意：如果打开 MASM 程序时未给出源程序名，则 MASM 程序会首先提示让你输入源程序文件名(Source filename)，此时输入源程序文件名并按 Enter 键，然后进行的操作与上面完全相同。

```
D:\MASM5>masm hello.asm
Microsoft (R) Macro Assembler Version 5.00
Copyright (C) Microsoft Corp 1981-1985, 1987.  All rights reserved.

Object filename [hello.OBJ]:
Source listing  [NUL.LST]:
Cross-reference [NUL.CRF]:

  50278 + 414506 Bytes symbol space free

    0 Warning Errors
    0 Severe  Errors
```

图 10-8　汇编操作

如果汇编成功，则界面上会呈现 0 Warning Errors、0 Severe Errors。此时就生成了与源程序文件名同名、但扩展名为 obj 的目标文件(保存在与源文件相同路径下)。

如果源文件存在语法错误，MASM 会指出错误的行号和错误的原因（注：此时不会生成 obj 文件）。图 10-9 是在汇编过程中检查出 2 个错误的例子，系统给出了 1 个警告和 1 个错误提示。

```
D:\MASM5>edit hello.asm

D:\MASM5>masm hello.asm
Microsoft (R) Macro Assembler Version 5.00
Copyright (C) Microsoft Corp 1981-1985, 1987.  All rights reserved.

Object filename [hello.OBJ]:
Source listing  [NUL.LST]:
Cross-reference [NUL.CRF]:
hello.asm(10): error A2050: Value out of range
hello.asm(15): warning A4031: Operand types must match

 50278 + 414506 Bytes symbol space free

     1 Warning Errors
     1 Severe  Errors

D:\MASM5>
```

图 10-9　有错误的汇编过程例子

可以看出，源程序的错误类型有两类：一类是警告错误（Warning Errors），警告错误不影响程序的运行，但可能会得出错误的结果；另一类是服务器错误（Severe Errors），对于服务器错误，MASM 将无法生成 obj 文件。此例中有 1 个严重错误。

在错误信息中，圆括号里的数字为有错误的行号（在此例中，Severe 和 Warning 错误分别出现在第 10 行和第 15 行），后面给出了错误类型及具体错误原因。如果出现了严重错误，必须重新进入 edit 编辑器，根据错误的行号和错误原因来改正源程序中的错误，直到汇编没有错为止。

3. 用 link.exe 产生 EXE 可执行文件

在上一步骤中，汇编程序产生了二进制目标文件（obj），要使编写的程序能够运行，还必须用链接程序（link.exe）把 obj 文件转换为可执行的 exe 文件。

继续在图 10-3 中输入命令链接命令 link 和 obj 文件名，进行链接操作，生成后缀为.exe 的可执行程序文件。操作时的屏幕显示如图 10-10 所示（注：link 时，目标程序文件名 hello 之后的扩展名 obj 可以省略）。

```
DOSBox 0.74, Cpu speed:   3000 cycles, Frameskip 0, Program:  DOSBOX    —   □   ×

C:\>masm hello.asm
Microsoft (R) Macro Assembler Version 5.00
Copyright (C) Microsoft Corp 1981-1985, 1987.  All rights reserved.

Object filename [hello.OBJ]:
Source listing  [NUL.LST]:
Cross-reference [NUL.CRF]:

 51706 + 464822 Bytes symbol space free

     0 Warning Errors
     0 Severe  Errors

C:\>link hello.obj

Microsoft (R) Overlay Linker  Version 3.60
Copyright (C) Microsoft Corp 1983-1987. All rights reserved.

Run File [HELLO.EXE]:
List File [NUL.MAP]:
Libraries [.LIB]:
LINK : warning L4021: no stack segment

C:\>_
```

图 10-10　链接生成可执行文件

　　同样，进入 link 程序后，系统会提示输入可执行文件名（Run File）及其他两个提示选项，如果都直接按 Enter 键，则可执行文件名默认与源文件同名。注意，若打开 link 程序时未给出 obj 文件名，则 link 程序会首先提示输入 obj 文件名（Object Modules），此时输入 obj 文件名 hello.obj 并按 Enter 键，然后进行的操作与上面完全相同。

　　如果没有错误，link 就会建立一个 hello.exe 文件。如果 obj 文件有错误，link 会指出错误的原因。对于无堆栈警告（Warning：NO STACK segment）信息，可以不予理睬，它不影响程序的执行。如链接时有其他错误，须检查、修改源程序，重新汇编、链接，直到正确。

4. 执行程序

　　建立了 hello.exe 文件后，就可以直接运行了。在图 10-3 所示的 DOS 界面目录下直接

图 10-11　字符界面下 hello.exe
程序的执行结果

输入可执行程序文件名 hello，然后按 Enter 键，屏幕上就显示出运行结果（如图 10-11 所示）。

　　程序运行结束后会自动返回 DOS 界面。如果程序不显示结果，如何知道程序是否正确或问题出在哪里呢？此时就需要用到调试工具 td.exe。

5. 调试程序

　　“调试”是程序设计非常重要的一个环节。任何程序在编写过程中能很难保证一次正确，部分程序因没有中间输出结果，也需要在调试环境下观察其运行的正确性。调试程序能力的高低是反映程序员水平的一个重要指标。

　　Turbo Debugger（简称 TD）是 Borland 公司开发的一款具有窗口界面的程序调试工具。利用 TD，用户能够调试已有的可执行程序（后缀为 exe）；也可以在 TD 中直接输入程序指令，编写简单的程序（在这种情况下，用户每输入一条指令，TD 就立即将输入的指令汇编成机器指令代码）。

　　对例 10-1 编写的 hello 程序，在链接完成后，按照图 10-12 所示方法进入图 10-13 所示的 TD 调试界面。

```
D:\MASM5>link hello

Microsoft (R) Overlay Linker  Version 3.60
Copyright (C) Microsoft Corp 1983-1987.  All rights reserved.

Run File [HELLO.EXE]:
List File [NUL.MAP]:
Libraries [.LIB]:

D:\MASM5>td hello
```

图 10-12　进入调试界面

　　在图 10-13 中，光标所指向的就是待执行的指令。此时，可以通过单步执行、打断点等方法，来查找程序中可能存在的逻辑错误（对例 10-1 所要求的程序段，因为很短，可以首先选择“单步执行”来观察执行状况）。对没有输出结果的程序，也可以在这个环境下观察每条指令执行的结果。

　　有关如何使用 td.exe 程序的简要说明请读者参阅本书附录。请读者在进行以下实验之前，务必了解 td.exe 程序的使用方法。

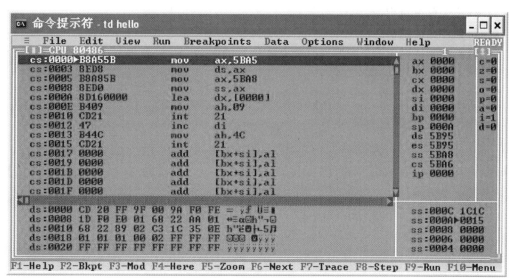

图 10-13 TD 程序调试环境

10.2 Proteus 虚拟仿真实验平台

硬件仿真实验平台采用 Labcenter 公司开发的 Proteus 电路分析与实物仿真及印制电路板设计软件。该软件包括原理图设计及交互仿真(ISIS)和印制电路板设计(ARES)两个软件模块。本实验指导书仅涉及 Proteus ISIS 原理图设计及交互仿真模块,软件版本为 Proteus 7.10(注:Proteus 7.5 及其以后的版本均支持 8086 CPU 仿真)。

Proteus ISIS 提供的 Proteus VSM(Virtual System Modeling)将虚拟仪器、高级图表应用、CPU 仿真和第三方软件开发与调试环境有机结合,在搭建硬件模型之前即可在计算机上完成原理图设计、电路分析,以及程序代码实时仿真、测试及验证。

10.2.1 仿真操作界面

安装 Proteus 软件后,桌面上会建立 ISIS 和 ARES 两个图标(本实验仅使用 ISIS)。双击 ISIS 图标或单击"开始"→"程序"→Proteus 7 Professional→ISIS 7 Professional,启动 Proteus ISIS。

启动后的 Proteus ISIS 工作界面如图 10-14 所示。其中:

- **原理图编辑窗口**:用于编辑电路原理图(放置元器件和进行元器件之间的连线)。
- **预览窗口**:用于显示原理图缩略图或预览选中的元器件。
- **编辑模式工具栏**:用于选择原理图编辑窗口的编辑模式。
- **旋转镜像工具栏**:用于对原理图编辑窗口中选中的对象进行旋转、镜像等操作。
- **元器件选择按钮**:用于在元器件库中选择所需的元器件,并将选择的元器件放入元器件选择窗口中。

- **元器件选择窗口**：用于显示并选择从元器件库中挑选出来的元器件。
- **仿真控制按钮**：用于控制实时交互式仿真的启动、前进、暂停和停止。

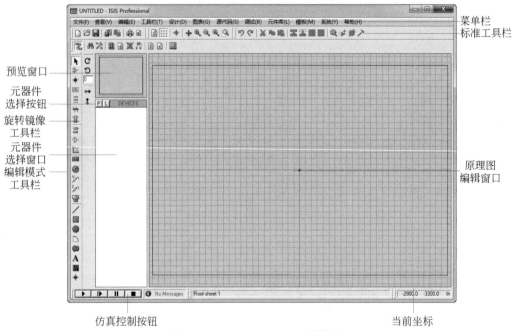

图 10-14　Proteus ISIS 工作界面

Proteus ISIS 工作界面中的菜单、工具栏、命令按钮等均符合 Windows 标准，很容易理解和掌握。以下仅简单介绍 Proteus ISIS 中与原理图编辑密切相关的编辑模式工具栏各按钮的功能。

注意：事实上，若想知道工具栏中某个按钮的功能，一个简单的方法是将鼠标指针指向该按钮并停留约 1 秒，鼠标指针旁边就会弹出一个标签，显示鼠标所指向按钮的功能。

表 10-1 列出了编辑模式工具栏中各按钮的功能。这些按钮被划分到 3 个子工具栏中。

- **主模式工具栏**：其中的工具按钮主要用于原理图的全局编辑。
- **部件模式工具栏**：其中的工具按钮主要用于原理图中某个对象的编辑。
- **二维图形模式工具栏**：其中的工具按钮主要用于编辑原理图中的图形。

表 10-1　编辑模式工具栏中各按钮的功能

子工具栏	按钮	功能及说明
主模式		选择模式：即时编辑任意选中的元器件
		元件模式：选择元器件
		结点模式：在原理图中放置连接点
	LBL	连线标号模式：在原理图中放置或编辑连线标签

续表

子工具栏	按钮	功能及说明
主模式	≣	文本脚本模式：在原理图中输入新的文本或编辑已有文本
	╫	总线绘制模式：在原理图中绘制总线
	⊥	子电路模式：在原理图中放置子电路或放置子电路元器件
部件模式	⊨	终端模式：在元器件选择窗口中列出 7 类终端(包括默认、输入、输出、双向、电源、接地、总线)，以供绘制原理图时选择
	⊣▷	元件引脚模式：在元器件选择窗口中列出 6 种常用元器件引脚(包括默认、反向、正时钟、负时钟、总线)，以供绘制原理图时选择。
	⊠	图表模式：在元器件选择窗口中列出 13 种仿真分析图表(包括模拟、数字、混合、频率、传递、失真、傅里叶变换等)，以供选择
	▣	录音机模式：对原理图进行分步仿真时，用于记录前一步仿真的输出，并作为下一步仿真的输入
	◎	激励源模式：在元器件选择窗口中列出 14 种模拟或数字激励源(激励源类型包括直流、正弦、时钟脉冲、指数等)以供选择
	✐	电压探针模式：在原理图中添加电压探针，用来记录该探针处的电压值。可记录模拟或数字电压的逻辑值和时长
	I✐	电流探针模式：在原理图中添加电流探针，用来记录该探针处的电流值。只能记录模拟电路的电流值
	▤	虚拟仪器模式：在元器件选择窗口中列出 12 种常用的虚拟仪器(包括示波器、逻辑分析仪、定时计数器、电压表、电流表等)
二维图形模式	╱	2D 连线模式：在元器件选择窗口中列出各种连线以供画线时选择
	▢	2D 图形框模式：用于在原理图上画方框
	●	2D 圆形模式：用于在原理图上画圆
	◠	2D 弧线模式：用于在原理图上画圆弧
	∞	2D 闭合路径模式：用于在原理图上画任意闭合图形
	A	2D 文本模式：用于在原理图上标注各种文字
	⑤	2D 符号模式：用于选择各种元器件的外形符号
	✛	2D 标记模式：在元器件选择窗口中列出各种标记，用于创建或编辑元器件、符号和终端引脚时建立文本或图形标记

除了用编辑模式工具栏选择编辑模式外，也可以在选择模式下(原理图编辑窗口中的鼠标指针为箭头形状时)右击，在弹出的快捷菜单中选择"放置"，在出现的级联菜单中选择编辑模式，如图 10-15 所示。

除以上各种工具外，为方便原理图的编辑操作，Proteus ISIS 提供了两种系统可视化工具：对象选择框和智能鼠标指针。

(1) 对象选择框：它是围绕对象的虚线框，当鼠标掠过元器件、符号、图形等对象时，将出现环绕对象的虚线框，如图 10-16 所示。当出现对象选择框时，单击鼠标左键即可对此元件进行操作。

图 10-15　使用右键菜单选择编辑模式

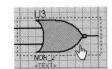

图 10-16　环绕对象的对象选择框

（2）智能鼠标指针：编辑原理图时，鼠标对当前操作具有智能识别功能，鼠标会根据功能改变其显示的外观样式。常见的鼠标指针外观样式如下所示。

默认指针。用于选择操作模式。

放置指针。外形为一个无色的笔。单击它并将元器件轮廓拖动到合适的位置，再次单击即可将在元器件选择窗口中选中的对象放置在当前位置。

"热"画线指针。外形为一个绿色的笔，当指针移动到元器件引脚端点上时，单击并开始在元器件引脚之间画线。画至终点时，双击可结束画线。

"热"画总线指针。外形为一个蓝色的笔，仅当绘制总线时出现。当指针移动到已画好的总线上时，单击并开始延伸已画的总线。画至终点时，双击可结束画延伸总线。

线段拖动指针。此光标样式出现在线段上。出现此光标时，按住鼠标左键并拖动鼠标，即可将线段移动到期望的位置。

当对象上出现此光标时，单击鼠标左键，对象即被选中。

对象拖动指针。当对象上出现此光标时，按住鼠标左键并拖动鼠标，即可将对象移动到期望的位置。

添加属性指针。单击即可为对象添加属性（选择菜单"工具栏"→"属相设置工具"后，光标移动到对象上时将出现此光标样式）。

10.2.2　电路原理图绘制指南

1. 鼠标使用规则

在 ISIS 的原理图编辑窗口中,鼠标的操作与常见 Windows 应用程序的使用方式略有不同。ISIS 中鼠标使用的一般规则如下:

(1) 左键功能:

单击空白处——放置元器件。

单击未选中的对象——选择对象。

单击已选中的对象——编辑对象属性或连线风格。

双击对象——同单击已选中的对象,编辑对象属性或连线风格。

拖曳已选中的对象——移动对象位置。

(2) 右键功能:

单击空白处——弹出元器件放置菜单。

单击对象——弹出对象操作菜单。

双击对象——删除对象。

拖曳——框选一个或多个对象。

(3) 其他:

转动滚轮——放大或缩小编辑窗口。

单击中键——拖动编辑窗口。

2. 选取元器件

Proteus ISIS 提供了一个包含有 8000 多个元器件的元件库,包括标准符号、晶体管、TTL 和 CMOS 逻辑电路、微处理器和存储器件、各种开关和显示器件等。需要注意的是,并非元件库中的所有元器件都支持 VSM 仿真,所以在进行交互式仿真时,应选择那些支持 VSM 仿真的元器件。一般来说,通用逻辑电路元件的选取规则是,如果只是进行交互式仿真,而不进行电路板布线,则尽量在仿真器件(Modeling Primitives)中选择元件,如果仿真器件中没有所需的元件,可选择 TTL74 系列或 CMOS 4000 系列逻辑电路。

Proteus ISIS 从元件库查找并选取元件的步骤如下。

1) 打开元件选取(Pick Devices)窗口

单击编辑模式工具栏上的元件模式按钮(或单击主模式子工具栏上的其他按钮),按以下任意一种方法打开元件库,选取所需元件。

- 方法 1:单击元器件选择按钮("P"按钮 P)。

- 方法 2:右键单击原理图编辑窗口的空白部位,在弹出的快捷菜单中选择"放置"→"元件"→From Libraries(如图 10-17 所示)。

打开的元件选取窗口如图 10-18 所示。

2) 查找所需的元器件

如果已知元件类别,则直接单击窗口左边的元件类别、子类别、制造商。也可在左上角

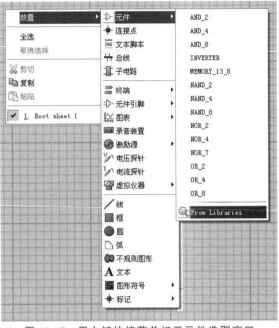

图 10-17　用右键快捷菜单打开元件选取窗口

图 10-18　元件选取窗口

的关键字区域中输入元件类别,例如要查找 TTL 74 系列集成电路,则输入"TTL 74"。

如果已知元件名,则在左上角的关键字区域中输入元件名。例如,要查找 8086 微处理器,则输入"8086"。

查找结果会在中间的结果窗口中列出。

3）选取元件

在查找结果列表中双击所需的元件,该元件就会被选取并放入 ISIS 工作界面的元器件选择窗口中备用。

一般来说,在画原理图前,应按照以上方法将所需的元器件全部选取出来。

注意:Proteus ISIS 中的与、或、非等逻辑门器件的图形符号采用了 ANSI/IEEE 91—1984 标准,而中国国家标准则采用了与 IEC 60617-12—1997 标准相同的图形符号。二者的对应见表 10-2。

表 10-2　ISIS 中逻辑电路符号与国家标准逻辑电路符号对照表

逻辑门名称	ISIS 中的图形符号	国家标准图形符号
与门		&
与非门		&
或门		≥1
或非门		≥1
非门		1

3. 电路原理图绘制

下面以图 10-19 所示的最小 8086 系统为例,简要介绍在 Proteus ISIS 中创建仿真电路设计原理图的基本步骤。

1）创建仿真电路原理图设计文件

启动 Proteus ISIS 后,系统就会自动建立一个空白的原理图设计文件(原理图设计文件的扩展名为.dsn),选择菜单栏上的"文件"→"保存设计"(或直接单击标准工具栏上的"保存设计"按钮),在弹出的窗口中选择文件夹,然后输入文件名保存。

注意:每次实验请及时将原理图设计文件备份到自己的 U 盘中,以免丢失。

2）添加元件到元器件选择窗口

图 10-19 所示电路用到的元器件见表 10-3。按"选取元器件"中介绍的方法将本例中所需的元件从元器件库中选取到元器件选择窗口。

注意:选取时先要单击编辑模式工具栏上的"元件模式"按钮(或单击主模式子工具栏上的其他按钮)。

3）放置元件到原理图编辑窗口

单击编辑模式工具栏上的"元件模式"按钮,使元器件选择窗口中显示出前一步选取出来的元件。

首先放置 8086 微处理器,在元器件选择窗口中单击 8086;然后在编辑窗口中单击,这时编辑窗口中就会出现 8086 的虚影,将其拖曳到合适的位置再单击放置。

依照上述方法,按照图 10-19 依次在编辑窗口中放置非门、或门、触发器、7 段数码管、电阻等元器件。

注意:元器件放置的方向和位置在绘图过程中还可以调整,开始时可以先粗略地放置到大致差不多的位置上。

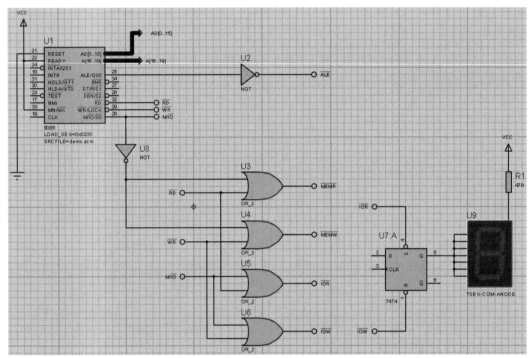

图 10-19 8086 最小系统电路原理图

表 10-3 图 10-19 原理图中的元器件清单

元器件名称	所属类别	元件功能
8086	Microprocessor Ics	微处理器
NOT	Simulator Primitives	非门
OR_2	Modeling Primitives	2 输入或门
7474	TTL 74 serials	D 触发器
RES	Modeling Primitives	电阻(在属性窗口中将阻值改为 47Ω)
7SEG-COM-ANODE	Optoelectronics	7 段数码管

4)调整元器件方向

绘制原理图时,可能需要改变元器件的放置方向或对元器件进行镜像翻转。旋转或镜像元件方向有两种方法。

方法 1:在编辑窗口中放置元器件前先进行旋转或镜像,即在元器件选择窗口中单击所需的元件后,接着单击旋转镜像工具栏中相应的旋转或镜像按钮(可在预览窗口中观察效果),然后再在编辑窗口中单击左键放置元件。

方法 2:在编辑窗口中放置元器件后再进行旋转或镜像,即放置元器件时先不考虑元件方向,放置后,单击右键放置的元件,在弹出的快捷菜单中选择旋转或镜像选项(也可直接用数字小键盘上的＋、－键进行旋转操作)。

5) 移动元器件位置

步骤如下:

(1) 选择要移动的元件:先单击"选择模式"按钮,再单击元件,选中的元件会变为红色;也可按住鼠标左键拖曳,使元件包围在拖曳出的方框中进行框选(此方法可选择多个元件)。

(2) 移动选中的元件:元件选中后,光标变为具有十字方向箭头的手形,按住鼠标左键即可移动元件。移到合适位置处后,在编辑窗口的空白处单击即可撤销元件的选中状态。

6) 编辑元件属性

元件可能还需要修改其元件值,如电阻值、电容值、电压值等,这可以通过编辑元件属性实现。编辑元件属性的方法如下。

在编辑窗口中右键单击选中的元件,在弹出的快捷菜单中选择"编辑属性",弹出"编辑元件属性"对话框。图 10-19 中电阻 R1 的"编辑元件属性"对话框如图 10-20 所示。注意,不同元件其对话框中的属性名称和数目有所不同,但"元件标注"属性在所有元件的编辑属性对话框中都会出现(有的属性对话框中显示为"标注"或"标号")。

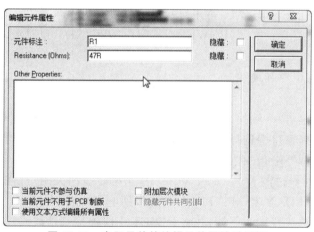

图 10-20　电阻元件的编辑元件属性对话框

对话框中的"元件标注"是元件在原理图中唯一的参考名称,不允许重名。若需要在标注的名称上面显示上横线,只要在输入的标注名称前后各加上美元符号($)即可。例如,输入的标注为$R1$时,在原理图中将显示为$\overline{R1}$。

"Resistance(Ohms)"是电阻 R1 的阻值,可根据要求将其修改为所需的值。图中"47R"表示 R1 的电阻值为 47Ω。如果阻值为 4.7kΩ,则可填写为"4.7k",以此类推。

7) 连线

放置好元件后,即可开始连线。移动鼠标到要连线的元件引脚上,光标会变成绿色铅笔样式,单击鼠标左键,移动鼠标定位到目标元件引脚的端点或目标连线上(移动过程中光标会变成白色铅笔样式),再单击鼠标左键,即可完成两连接点之间的连线。在这个过程中,连线将随着鼠标的移动以直角方式延伸,直至到达目标位置。

如果在连线过程中想自己决定走线路径,只需在希望放置拐点的地方单击即可。放置拐点的地方,拐点上会显示一个临时性的"×"标记,如图 10-21 所示。连线完成后,"×"标记会自动清除。

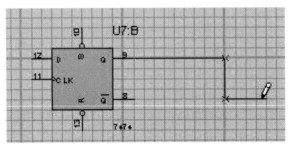

图 10-21　在连线过程中放置拐点

有时需要在连线上加标注,只要在连线上单击右键,打开快捷菜单,选择"放置连线标签",在打开的编辑连线标签对话窗口中的"标号"栏中输入标签名即可,也可用下拉菜单选择已有的标签名称(注:凡是名称相同的对象在电路图中认为是相连的)。

在系统自动走线过程中,按住 Ctrl 键,系统将切换到完全手动模式,可以利用此方法绘制任意角度的斜线和折线。

8) 放置连接终端

绘制原理图时往往还需要放置并连接某些终端,如输入输出、电源/地线、总线等。图 10-19 中用到 4 类终端:电源(POWER)、地线(GROUND)、默认终端(DEFAULT)、总线(BUS)。

(1) 放置并连接电源和地线。

步骤如下:

① 用鼠标左键单击"终端模式"按钮,元器件选择窗口中会显示可供选择的终端。

② 从元器件选择窗口中选择"POWER",将其放置于 8086 微处理器的左上方。

③ 右键单击电源终端,在弹出的快捷菜单中选择"编辑属性",弹出属性编辑对话框。在属性对话框中的标号栏输入＋5V(或 VCC),单击确定按钮关闭对话框。

④ 将 8086 的 REDAY 和 MN/MX 引脚连接到电源终端。

⑤ 用同样的方法放置地线终端,并将 RESET 引脚连接到地线终端。

(2) 放置并连接默认终端(一端有圆圈的短线)。

步骤如下:

① 用鼠标左键单击"终端模式"按钮,元器件选择窗口中会显示出可供选择的终端。

② 从元器件选择窗口中选择 DEFAULT,将其放置于 8086 的 NMI、RD、WR、M/IO 引脚的旁边(注意要留有一定的间距)。

③ 右键单击 NMI 引脚旁边的默认终端,在弹出的快捷菜单中选择"编辑属性",弹出属性编辑对话框。在属性对话框中的标号栏输入"NMI"(表示这个终端名字为 NMI,是 NMI 信号的连接端子),单击"确定"按钮关闭对话框。

④ 将 8086 的 NMI 引脚连接到此 NMI 终端。

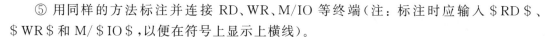
⑤ 用同样的方法标注并连接 RD、WR、M/IO 等终端（注：标注时应输入＄RD＄、＄WR＄和 M/＄IO＄，以便在符号上显示上横线）。

（3）放置并连接总线。

为了使原理图简洁并简化绘图，Proteus ISIS 支持用一条粗线条（总线，BUS）代表多条并行的连接线。放置并连接总线的步骤如下。

① 用鼠标左键单击"终端模式"按钮，从元器件选择窗口中选择"BUS"（总线终端），将其放置于 8086 的 AD[0..15]引脚的右侧合适的地方并调整总线终端的方向（如果需要）。

注意：AD[0..15]是指一组共 16 根连线，名称分别为 AD0、AD1、…、AD15，AD[0..15]是这组连线名称的缩写。

② 右键单击总线终端，在弹出的快捷菜单中选择"编辑属性"，弹出属性编辑对话框。在属性对话框中的标号栏输入 AD[0..15]，单击"确定"按钮关闭对话框。

③ 左键单击"总线模式"按钮。

④ 移动鼠标到 8086 的 AD[0..15]引脚端点，光标会从白铅笔变成蓝铅笔，按住鼠标左键并拖动到总线端子上，再单击即可。

⑤ 用同样的方法连接并标注总线 A[16..19]。

⑥ 如果只画一条没有终端的总线，则直接单击"总线模式"按钮，在总线起始位置单击左键，然后拖动光标（如果中间需要放置拐点，只需在拐点处单击左键即可），在总线的终点单击左键，再单击右键结束总线绘制。

到此为止，与 8086 微处理器相关的连线就完成了。接着，就可继续完成图 10-19 中非门、或门、触发器、7 段数码管等元件的连接。方法同上，不再赘述。

10.2.3　仿真运行

Proteus ISIS 可以在没有实际物理器件的环境下进行电路的软硬件仿真。为此，其模型库中提供了大量的硬件仿真模型。

- 常见的 CPU，如 8086、Z80、68000、ARM7、PIC、Atmel AVR 和 8051/8052 等。
- 数字集成电路，如 TTL 74 系列、CMOS 4000 系列、82xx 系列等。
- D/A 和 A/D 转换电路。
- 虚拟仪器，如示波器、逻辑分析仪、定时计数器、电压表、电流表等。
- 各种显示器件、键盘、按钮、开关、电机、传感器等通用外部设备。

Proteus VSM 8086 是 Intel 8086 处理器的指令和总线周期仿真模型。它能通过总线驱动器和多路输出选择器连接 RAM、ROM 及各种外部接口电路，能够仿真最小模式中所有的总线信号和器件的操作时序（尚不支持最大模式）。

Proteus VSM 8086 模型支持直接加载 BIN、COM 和 EXE 格式的文件到内部 RAM 中，而不需要 DOS 环境，并且允许对 Microsoft Codeview 和 Borland 格式中包含了调试信息的程序进行源或反汇编级别的调试，所有调试格式都允许全局变量的观察，但只有 Borland 格式支持局部变量的观察。

下面简要介绍本实验指导书中 8086 模型的仿真步骤。

1. 编辑电路原理图

按前面介绍的原理图编辑方法在原理图编辑窗口中画出仿真实验电路原理图。

2. 设置 8086 模型属性

在编辑窗口中右键单击 8086,在弹出的快捷菜单中选择"编辑属性",弹出"编辑元件属性"对话框,如图 10-22 所示。然后按表 10-4 对 8086 模型的属性进行修改。

注意:表 10-4 中,前 3 项与"编辑元件属性"对话框中是一一对应的,而后 5 项则需要通过选择高级属性(Advanced Properties)下拉列表来逐个进行编辑。

设置好后,单击"确定"按钮关闭对话框。

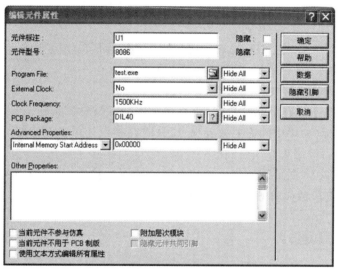

图 10-22　编辑 8086 模型的属性

表 10-4　8086 模型属性

属　　　性	默认值	修改为	描　　　述
仿真程序文件名 (Program File)			指定一个程序文件并加载到模型的内部存储器中
是否使用外部时钟 (External Clock)	No	No	指定是否使用外部时钟模式
时钟频率 (Clock Frequency)	1000KHz	1500KHz	指定 8086 的时钟频率。使用外部时钟时此属性被忽略
内部存储器起始地址 (Internal Memory Start Address)	0x00000	0x00000	内部仿真存储区的起始地址
内部存储器容量 (Internal Memory Size)	0x00000	0x10000	内部仿真存储区的大小
程序载入段 (Program Loading Segment)	0x0000	0x0200	决定仿真程序加载到内部存储器中的位置
程序运行入口地址 (BIN Entry Point)	0x00000	0x02000	仿真程序从何处开始运行(＝载入段x16)

属　　性	默认值	修改为	描　　述
是否在 INT 3 处停止 （Stop on Int3）	Yes	Yes	运行到仿真程序中的 INT 3 指令时是否停止

3. 设置编译环境和环境变量

Proteus ISIS 支持的编译器包括 Microsoft C/C++、Borland C++、MASM32、TASM 等。本实验指导书中的所有汇编语言源程序都是用 MASM32 编译器汇编/连接生成 exe 文件。

按下述方法设置 MASM32 的编译环境。

（1）安装 MASM32 编译器到 C:\MASM32 目录。

（2）建立编译批处理文件。

新建一个文本文件，文件名为 masm32.bat。输入以下内容：

```
@ECHO OFF
Set path=%path%;C:\MASM32\BIN
ml/c/Zd/Zi%1
setstr=%1
set str=%str:~0,-4%
link16 /CODEVIEW %str%.obj,%str%.exe,nul.map,nul.def
```

将文件保存到 X:\Labcenter Electronics\Proteus 7 Professional\SAMPLES 目录中（X 为 Proteus 安装的盘符）。

（3）设置 Windows 环境变量。

为了在编译过程中能找到编译器 ml.exe 和连接器 link16.exe，需要在 Windows 环境变量中添加编译器和连接器的安装目录。

右键单击"我的电脑"，选择"属性"，在弹出的对话框中选择"高级"选项卡，单击"环境变量"按钮，弹出"环境变量"对话框。在上面的"用户变量"区中单击"新建"按钮，弹出"编辑用户变量"对话框，在变量名栏中输入"Path"，在变量值栏中输入"C:\MASM32\BIN;"，单击"确定"按钮关闭对话框。

（4）在 Proteus 中设置编译器。

选择 Proteus 的菜单栏中的"源代码"→"设置代码生成工具"选项，单击"新建"按钮，选择第（2）步中保存的 masm32.bat 文件；然后在"源程序扩展名"栏中输入"ASM"，在"目标代码扩展名"栏中输入"EXE"，在"命令行"栏中输入"%1"，如图 10-23 所示。单击"确定"按钮关闭对话框。

4. 添加源程序并编译

步骤如下：

（1）输入实验源程序。

用任意的文本编辑器（如 Windows 的记事本）输入实验源程序并保存到 X:\Labcenter

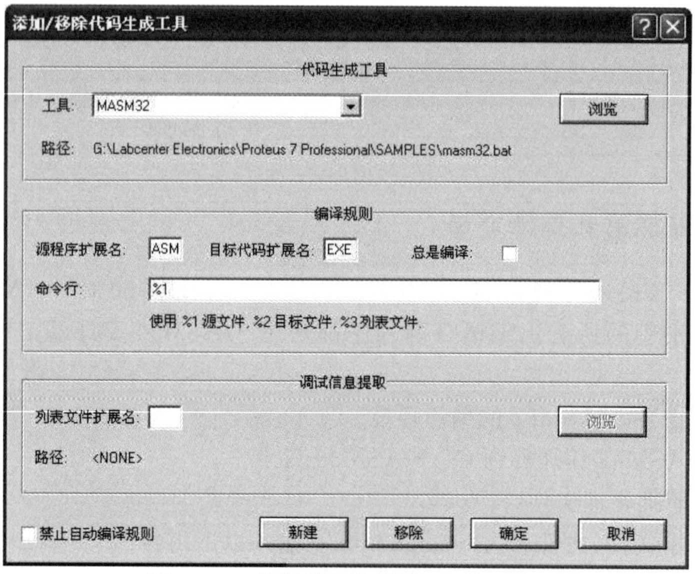

图 10-23　设置代码编译器(生成工具)

Electronics\Proteus 7 Professional\SAMPLES 目录下(X 为 Proteus 安装的盘符),保存时源程序的文件名可以任意,但最好是一个有意义的名字,并且不要与已有的文件重名,扩展名必须为 asm。

本实验指导书中仿真实验的 MASM32 汇编语言源程序框架如下:

```
<常数定义和宏定义放在此处>
.model small
.8086
.stack
.code
.startup
<实验源程序指令放在此处>
.data
<源程序所需的数据变量放在此处>
end
```

若程序不需要定义数据变量,data 段可以省略,位置也可放在 code 段前面。

编写源程序时要注意以下两点:

① 仿真运行的 8086 是一个裸机,没有操作系统。因此,程序中不可以使用 DOS 或 BIOS 调用。

② 主程序应为永久循环结构(用 jmp <程序开始处的标号>指令实现),以使得仿真能够持续运行。要结束仿真运行可单击仿真控制按钮中的"停止"按钮。

(2) 在 Proteus 中添加汇编语言源程序文件。

选择"源代码"→"添加/删除源代码文件"选项,在"代码生成工具"的下拉列表中选择 MASM32。再单击"新建"按钮,找到并选择刚才编写的源程序文件,单击"确定"按钮关闭对话框,如图 10-24 所示。

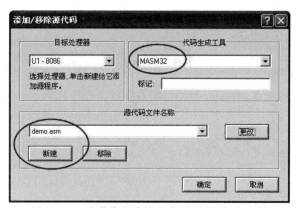

图 10-24　设置代码生成工具，添加源程序文件

（3）编译源程序。

选择"源代码"→"编译全部"选项。若有错误，修改源程序后重新编译，直到无错误为止。

5. 仿真调试运行

单击界面左下角的仿真控制按钮（开始、帧进、暂停、停止），可观察电路的仿真运行情况（有一定的动画效果）。仿真过程中，红色方块代表低电平，蓝色方块代表高电平，灰色方块代表不确定电平。

单击"开始"按钮，开始仿真运行。

单击"帧进"按钮，进入下一个"动画"帧。

单击"暂停"按钮，暂停仿真，进入调试模式。系统会弹出源程序调试窗口，使用者也可在系统菜单的"调试"选项下打开 8086 寄存器窗口、存储器窗口和其他观测窗口。

单击"停止"按钮，停止仿真运行。

若处于未运行状态时，选择菜单中的"调试"→"开始/重新启动调试"选项，等价于单击仿真控制按钮中的"暂停"按钮，使电路进入调试模式。

如要设置断点，可进入调试模式后，在源程序调试窗口中单击要设置断点的指令，然后按 F9 键即可。按 F12 键开始运行程序。

6. 保存设计

保存原理图到 U 盘中，以供以后修改和仿真。步骤为选择"文件"→"保存设计"选项（或直接单击工具栏上的"保存设计"按钮）。

10.2.4　操作练习

（1）按图 10-25 绘制电路原理图。图中的元件为：

U1：8086（微处理器）。

U2、U8：NOT（非门）。

U3~U6：OR_2（2 输入或门）。

U7：7474(D触发器)。

U9：7SEG-COM-ANODE(7段数码管)。

R1：RES(电阻)。

(2) 启动Proteus ISIS,选择"文件"→"打开设计"选项(或直接单击工具栏上的"打开设计"按钮),载入示范原理图demo.dsn(与原理图对应的源程序代码为demo.asm)。按10.2.3节介绍的仿真步骤对demo.dsn进行仿真(其中步骤1"编辑电路原理图"可省略)。

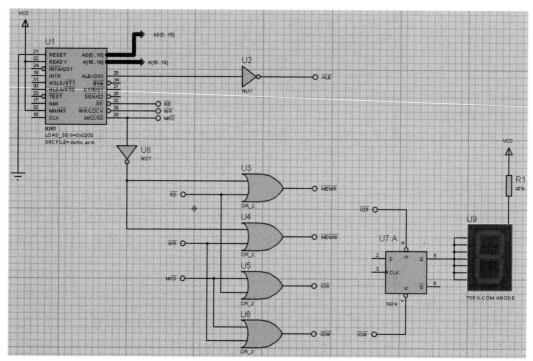

图 10-25　练习题电路原理图

第11章 指令集应用与顺序结构程序设计

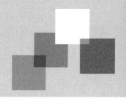

　　熟悉指令集是编写汇编语言程序的基础。本章安排了部分最常用指令的针对性实验。主要有数据传送,算术、逻辑运算与移位操作,串操作指令等。在此基础上,通过字符处理和完成算术运算的直线程序设计实验,熟悉 DOS 环境下字符与字符串的输入输出以及汇编语言顺序结构程序设计方法。

11.1 数据传送

11.1.1 实验目的

　　(1)熟悉 8086 指令系统的数据传送指令及 8086 的寻址方式。
　　(2)利用 Turbo Debugger 调试工具调试汇编语言程序。
　　(3)初步理解汇编语言程序设计方法。

11.1.2 预习要求

　　(1)复习 8086 指令系统中的数据传送类指令和 8086 的寻址方式。
　　(2)预习 Turbo Debugger 的使用方法(见附录 A)。包括:
　　① 如何启动 Turbo Debugger。
　　② 如何在各窗口之间切换。
　　③ 如何查看或修改寄存器、状态标志和存储单元的内容。
　　④ 如何输入程序段。
　　⑤ 如何单步运行程序段和用设置断点的方法运行程序段。
　　(3)按照题目要求预先编写好实验中的程序段。

11.1.3 实验任务

1. MOV 指令实验

1)实验内容
通过下述程序段的输入和执行来熟悉 Turbo Debugger 的使用,并通过显示器屏幕观察程序的执行情况。注：本实验只需在 td.exe 下进行。

练习程序段如下：

```
MOV  BL,08H
MOV  CL,BL
MOV  AX,03FFH
MOV  BX,AX
MOV  DS:[0020H],BX
```

2）操作指导

（1）启动 Turbo Debugger(td.exe)。

（2）使 CPU 窗口为当前窗口。

（3）输入程序段。

• 利用 ↑、↓ 方向键移动光条来确定输入位置，然后从光条所在的地址处开始输入，**强烈建议把光条移到 CS:0100H 处开始输入程序**。

• 在光标处直接输入练习程序段指令，输入时屏幕上会弹出一个输入窗口，这个窗口就是指令的临时编辑窗口。每输入完一条指令，按 Enter 键，输入的指令即可出现在光标处，同时光标自动下移一行，以便输入下一条指令。例如：

```
MOV  BL,08H ↙      (↙表示 Enter 键)
MOV  CL,BL ↙
```

小窍门：窗口中前面曾经输入过的指令均可重复使用，只要用方向键把光标定位到所需的指令处，按 Enter 键即可。

（4）执行程序段。

① 用单步执行的方法执行程序段。

（a）使 IP 寄存器指向程序段的开始处。方法如下：

把光标移到程序段开始的第一条指令处，按 Alt + F10 键，弹出 CPU 窗口的局部菜单，选择"New CS:IP"项，按 Enter 键，这时 CS 和 IP 寄存器(在 CPU 窗口中用 ▶符号表示，▶符号指向的指令就是当前要执行的指令)就指向了当前光标所在的指令。

（b）另一种方法是直接修改 IP 的内容为程序段第一条指令的偏移地址。

用 F7(Trace into)或 F8(为 Step over)单步执行程序段。每按一次 F7 或 F8 键，就执行一条指令。按 F7 或 F8 键直到程序段的所有指令都执行完为止，这时光标停在程序段最后一条指令的下一行上。(F7 和 F8 键的区别是：若执行的指令是 CALL 指令，F7 会单步执行进入到子程序中，而 F8 则会把子程序执行完，然后停在 CALL 指令的下一条指令处。)

② 用设置断点的方法执行程序段。

（a）把光标移到程序段最后一条指令的下一行，按 F2 键设置断点。

（b）用①中的方法使 IP 寄存器指向程序段的开始处。

（c）按 F4 键或 F9 键运行程序段，CPU 从 IP 指针开始执行到断点位置停止。

（5）检查各寄存器和存储单元的内容。

寄存器窗口显示在 CPU 窗口的右部，寄存器窗口中直接显示各寄存器的名字及其当前内容。在单步执行程序时可随时观察寄存器内容的变化。

存储器窗口显示在 CPU 窗口的下部,若要检查存储单元的内容,可连续按 Tab 键使存储器窗口为当前窗口,然后按 Alt＋F10 键,弹出局部菜单。选择 GOTO 项,然后输入要查看的存储单元的地址,如 DS:20H↙,存储器窗口就会从该地址处开始显示存储区域的内容。注意,每行显示 8 字节单元的内容。

请思考:如果要将上述程序段生成为 exe 文件,应该如何修改程序?

2. 堆栈操作指令实验

通过上述 MOV 指令实验,应该对 Turbo Debugger 的使用有了比较清楚的了解。由于在 Turbo Debugger 环境下编写的程序没有经过编译、链接,亦即无法生产后缀为.exe 的可执行程序。我们编写程序的目的是要使程序能够执行,因此,从本实验开始,将不再采用上述在 TD 中直接编写程序的方法,而采用主教材 10.1.2 节中所介绍的方法来编写汇编语言程序。

1) 实验内容

用以下程序段将一组数据压入(PUSH)堆栈区,在 TD 下用 F8 或 F7 键单步运行,观察如下 3 种不同出栈方式的出栈结果,并把结果填入表 11-1 中。要求:按照完整的汇编语言程序设计的步骤进行。

程序段如下:

```
MOV  AX,0102H
MOV  BX,0304H
MOV  CX,0506H
MOV  DX,0708H
PUSH AX
PUSH BX
PUSH CX
PUSH DX
```

第一种出栈方式如下:

```
POP  DX
POP  CX
POP  BX
POP  AX
```

第二种出栈方式如下:

```
POP  AX
POP  BX
POP  CX
POP  DX
```

第三种出栈方式如下:

```
POP  CX
POP  DX
POP  AX
POP  BX
```

2) 操作指导

首先,由于有堆栈操作指令,故需要定义堆栈段。其次,没有针对内存数据区的操作指令,所以不需要定义数据段和附加段。

源程序结构框架如下:

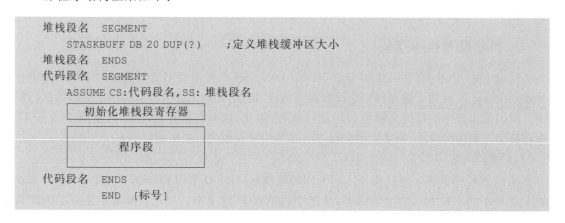

```
堆栈段名    SEGMENT
    STASKBUFF DB 20 DUP(?)        ;定义堆栈缓冲区大小
堆栈段名    ENDS
代码段名    SEGMENT
    ASSUME CS:代码段名,SS:堆栈段名

    ┌─────────────────────────┐
    │   初始化堆栈段寄存器        │
    └─────────────────────────┘
    ┌─────────────────────────┐
    │        程序段              │
    └─────────────────────────┘
代码段名    ENDS
        END   [标号]
```

表 11-1　三种出栈方式

	第一种出栈方式	第二种出栈方式	第三种出栈方式
AX=			
BX=			
CX=			
DX=			

11.1.4　实验习题

(1) 指出下列指令的错误并加以改正,并在 Turbo Debugger 上进行验证。

① MOV　[BX],[SI]

② MOV　AH,BX

③ MOV　AX,[SI][DI]

④ MOV　BYTE PTR[BX],2000H

⑤ MOV　CS,AX

⑥ MOV　DS,2000H

(2) 将 DS:1000H 字节存储单元中的内容送到 DS:2020H 单元中存放。分别用 8086 的直接寻址、寄存器间接寻址、寄存器相对寻址方式,实现数据传送。

(3) 设 AX 寄存器中的内容为 1111H,BX 寄存器中的内容为 2222H,DS:0010H 单元中的内容为 3333H。将 AX 寄存器中的内容与 BX 寄存器中的内容进行交换,然后再将 BX 寄存器中的内容与 DS:0010H 单元中的内容进行交换。编写程序段并上机验证结果。

(4) 设 DS=1000H,ES=2000H,对应内存单元中的内容如图 11-1 所示。要求编写程序段,将图中所示数据段 1 个字单元的内容传送到 AX 寄存器,附加段 1 个字单元的内容传送到 BX 寄存器。

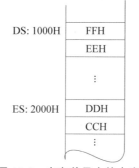

图 11-1　内存单元中的内容

11.1.5　实验报告要求

(1) 整理出运行正确的各题源程序段和运行结果。

(2) 完成 11.1.4 节给出的实验习题。

11.2　算术逻辑运算及移位操作

11.2.1　实验目的

(1) 熟悉算术逻辑运算指令和移位指令的功能。

(2) 了解标志寄存器各标志位的意义和指令执行对它的影响。

(3) 熟悉在 PC 上建立、汇编、链接、调试和运行 8086 汇编语言程序的全过程。

11.2.2　预习要求

(1) 复习 8086 指令系统中的算术逻辑类指令和移位指令。

(2) 认真阅读预备知识中汇编语言上机步骤的说明,熟悉汇编程序的建立、汇编、链接、执行、调试的全过程。

11.2.3　实验任务

1. 理解指令执行及其对的标志位影响

1) 实验内容

本实验共包含 5 段程序。程序段代码如表 11-2 所示。要求:

（1）自行定义需要的逻辑段，并分别将表 11-2 中各段程序代码填写在代码段中。

（2）完成程序的汇编、链接，并在 TD 环境中单步执行各程序段。

（3）观察各程序段中每条指令的执行结果(寄存器或内存单元中数据的变化)及其对标志位的影响。将每条指令执行后标志位的状态填入表 11-2 中。

注意：本实验所使用的宏汇编程序 MASM 默认直接寻址的操作数在代码段。所以，若指令中的操作数采用直接寻址方式，需要使用段重设符，将操作数重设到数据段中(参见表 11-2 中的程序段)。

表 11-2 程序段及结果

程序段代码	标　志　位					
	CF	ZF	SF	OF	PF	AF
	0	0	0	0	0	0
程序段 1： MOV　AX，1018H MOV　SI，030AH MOV　[SI]，AX ADD　AL，30H MOV　DX，3FFH ADD　AX，DX MOV DS：WORD PTR[20H]，1000H ADD　[SI]，AX PUSH AX POP　BX						
	0	0	0	0	0	0
程序段 2： MOV AX，0A0AH ADD AX，0FFFFH MOV CX，0FF00H ADC AX，CX SUB AX，AX INC AX OR CX，0FFH AND CX，0F0FH MOV DS：[10H]，CX						

续表

程序段代码	标 志 位					
	CF	ZF	SF	OF	PF	AF
程序段 3: MOV BL, 25H MOV DS: BYTE PTR[10H], 4 MOV AL, DS: [10H] MUL BL	0	0	0	0	0	0
程序段 4: MOV DS: WORD PTR[10H],80H MOV BL, 4 MOV AX, DS: [10H] DIV BL	0	0	0	0	0	0
程序段 5: MOV AX, 0 DEC　AX ADD　AX, 3FFFH ADD　AX, AX NOT　AX SUB　AX, 3 OR　　AX, 0FBFDH AND　AX, 0AFCFH SHL　AX,1 RCL　AX,1	0	0	0	0	0	0

2）操作指导

每个程序段均按以下步骤操作。

由"命令提示符"进入宏汇编程序,打开编辑器 edit(或 notepad),定义逻辑段。汇编语言源程序框架是编写汇编语言程序的基本模式,每个汇编语言源程序的编写都离不开这个框架。本实验的程序段中,不需要定义具体的变量,但由于程序中需要将数据写入内存单元,因此需要在数据段中定义一定容量的数据区,以便于数据的写入。

注意:数据区容量的具体大小可根据需要确定。例如,若需要向地址为 20H 的单元写入 1 字节数据,则数据区至少需要包含 0020H 字节单元。可以有两种解决方法:一是定义足够大(包含 0020H)的数据段;二是借用 ORG 伪指令实现。

本实验程序框架如下:

方法一:定义足够容量的数据区。

```
DSEG   SEGMENT              ;定义数据段
    NUM   DB 1000  DUP(?)    ;定义数据区
DSEG  ENDS                  ;数据段定义结束
CSEG   SEGMENT              ;定义代码段
    ASSUME  CS:CSEG,DS:DSEG
START:MOV   AX,DSEG
    MOV   DS,AX
    ……
```

方法二：定义特定的存储空间。

```
DSEG   SEGMENT              ;定义数据段
    ORG   0010H
    NUM   DW  ?             ;定义 NUM 变量的起始地址为 0010H,即按需定义 1 个字单元
DSEG  ENDS                  ;数据段定义结束
CSEG   SEGMENT              ;定义代码段
    ASSUME  CS:CSEG,DS:DSEG
START:MOV   AX,DSEG
    MOV   DS,AX
    ……
```

2. 无符号字节数求和与求乘积程序设计

编写程序实现：用 BX 寄存器作为地址指针，为 BX 赋值 0010H；将 BX 所指向的内存单元开始连续存入 3 个无符号数(10H、04H、30H)；计算内存单元中这 3 个数的和，并将结果存放到 0013H 单元中；再求出这 3 个数的积，将乘积存放到 0014H 为首地址的单元中。写出完成此功能的程序段并上机验证结果。

11.2.4 实验习题

(1) 写出完成下述功能的程序段。说明程序运行的最后结果 AX 的值。

① 传送 15H 到 AL 寄存器。

② 再将 AL 的内容乘以 2。

③ 接着传送 15H 到 BL 寄存器。

④ 最后把 AL 的内容乘以 BL 的内容。

(2) 写出完成下述功能的程序段。说明程序运行后的商。

① 传送数据 2058H 到 DS：1000H 单元中，数据 12H 到 DS：1002H 单元中。

② 把 DS：1000H 单元中的数据传送到 AX 寄存器。

③ 把 AX 寄存器的内容算术右移二位。

④ 再把 AX 寄存器的内容除以 DS：1002H 字节单元中的数。

⑤ 最后把商存入字节单元 DS：1003H 中。

(3) 以下程序段用来清除数据段中从偏移地址 0010H 开始的 12 个字存储单元的内容(即将零送到这些存储单元中)。

① 将第 4 条比较指令语句填写完整(下画线处)。

```
        MOV   SI,0010H
NEXT:   MOV   WORD PTR[SI],0
        ADD   SI,2
        CMP   SI,_____
        JNE   NEXT
        HLT
```

② 假定要按高地址到低地址的顺序进行清除操作(高地址从 0020H 开始),则上述程序段应如何修改?

在 TD 环境下验证上述两个程序段,并检查存储单元的内容是否按要求进行了改变。

11.2.5　实验报告要求

(1) 整理出运行正确的各题源程序段和运行结果。

(2) 完成 11.2.4 节中的实验习题。

(3) 简要说明 ADD、SUB、AND、OR 指令对标志位的影响。

(4) 简要说明一般移位指令与循环移位指令之间的主要区别。

11.3　串操作

11.3.1　实验目的

(1) 熟悉串操作指令的功能及串操作指令的使用方法。

(2) 学习 8086 汇编语言程序的基本结构。

(3) 熟悉在 PC 机上建立、汇编、链接、调试和运行 8086 汇编语言程序的全过程。

11.3.2　预习要求

(1) 复习 8086 指令系统中的串操作类指令。

(2) 认真阅读预备知识中汇编语言的上机步骤的说明,熟悉汇编程序的建立、汇编、链接、执行、调试的全过程。

(3) 根据本实验的编程提示及题目要求,在实验前编写好实验中的程序段。

11.3.3　编程提示

(1) 定义逻辑段时,所定义的数据段或附加段的缓冲区大小及缓冲区起始地址应与实际的操作一致。例如定义如下附加段:

```
<附加段名>   SEGMENT                    ;定义附加段
ORG 1000H                               ;定义缓冲区从该逻辑段地址为 1000H 处起始
BUFFER DB 10H DUP(?)                    ;定义缓冲区大小为 10H 个字节单元,每单元初始为随机值
<附加段名>   ENDS
```

注意：在本实验中,为方便起见,可将数据段和附加段定义为重合段。

(2) 任何程序都需要定义代码段。在代码段中需要初始化所定义的除代码段寄存器之外其他的段寄存器,程序代码的最后需要有正常返回操作系统的指令。代码段结构如下例：

```
<代码段名>   SEGMENT                                           ;定义代码段
ASSUME CS:<代码段名>,DS:<数据段名>,ES:<附加段名>      ;说明段的属性
START:  MOV AX,<数据段名>                               ;初始段寄存器
        MOV DS,AX
        MOV AX,<附加段名>
        MOV ES,AX
        串操作的程序代码
        MOV AH, 4CH                                           ;返回操作系统
        INT 21H
<代码段名>   ENDS
```

注意：源程序的最后一定要有"源程序结束伪指令"：END。

11.3.4 实验任务

1. 串操作指令应用实验

按如下过程完成串操作实验。

(1) 编写汇编语言源程序结构框架。定义程序中所用串操作指令要求的数据段或附加段,并定义代码段。

(2) 在代码段中输入以下程序段并运行,回答后面的问题。

```
CLD
MOV  DI,1000H
MOV  AX,55AAH
MOV  CX,10H
REP   STOSW
```

上述程序经汇编、链接生成可执行文件。该程序段执行后：

① 从 ES:1000H 开始的 16 个字单元的内容是什么？

② DI=? CX=? 并解释原因。

③ 若将数据段与附加段按如下方式定义为重合段,则执行上述代码后,数据段 1000H 起始的 16 个字单元的内容是什么？

```
<代码段名>   SEGMENT                                           ;定义代码段
ASSUME CS:<代码段名>,DS:<数据段名>,ES:<数据段名>      ;定义重合段
```

```
START:  MOV AX,<数据段名>                                    ;初始段寄存器
        MOV DS,AX
        MOV ES,AX
            ⋮
```

（3）在上题的基础上，在代码段中再输入以下程序段并运行，回答后面的问题。

```
MOV  SI,1000H
MOV  DI,2000H
MOV  CX,20H
REP  MOVSB
```

程序段执行后：

① 从 ES:2000H 开始的 16 个字单元的内容是什么？

② SI＝？ DI＝？ CX＝？ 并分析。

（4）在以上两题的基础上，再输入以下 3 个程序段并依次运行。

程序段 1：

```
MOV  SI,1000H
MOV  DI,2000H
MOV  CX,10H
REPZ CMPSW
```

程序段 1 执行后：

① ZF＝？根据 ZF 的状态，你认为两个串是否比较完了。

② SI＝？ DI＝？ CX＝？ 并分析。

程序段 2：

```
MOV  DS: WORD PTR [2008H],4455H
MOV  SI,1000H
MOV  DI,2000H
MOV  CX,10H
REPZ CMPSW
```

程序段 2 执行后：

① ZF＝？根据 ZF 的状态，你认为两个串是否比较完了。

② SI＝？ DI＝？ CX＝？ 并分析。

程序段 3：

```
MOV  AX,4455H
MOV  DI,2000H
MOV  CX,10H
REPNZ  SCASW
```

程序段 3 执行后：

① ZF＝？根据 ZF 的状态，你认为在串中是否找到了数据 4455H。

② SI＝？ DI＝？ CX＝？ 并分析。

2. 字符串传送程序设计

用串传送指令编写如下功能程序,并上机验证:

从 DS：1000H 开始存放有一个字符串"This is a string",要求把这个字符串从后往前传送到 DS：2000H 开始的内存区域中(即传送结束后,从 DS：2000H 开始的内存单元的内容为"gnirts a si sihT"),试编写程序段并上机验证。

提示:请认真思考该程序的设计方法,并仔细观察程序执行结束后字符串在内存中的存储情况。

11.3.5　调试提示

(1) 源程序编写完成后,先静态检查,若无误,则对源程序进行汇编、链接,生成可执行源程序文件。

(2) 打开 TD,调入可执行源程序文件,按 F7 键单步执行,观察每条指令的执行结果及每个程序段的最终执行结果。

11.3.6　实验报告要求

(1) 整理出运行正确的各题源程序段和运行结果,对结果进行分析。
(2) 简要说明执行串操作指令之前应初始化哪些寄存器和标志位。
(3) 总结串操作指令的用途及使用方法。

11.4　字符及字符串的输入和输出

11.4.1　实验目的

(1) 熟悉如何进行字符及字符串的输入输出。
(2) 掌握简单的 DOS 系统功能调用。
(3) 熟悉在 PC 机上建立、汇编、链接、调试和运行 8086 汇编语言程序的全过程。

11.4.2　预习要求

(1) 复习系统功能调用的 1、2、9、10 号功能。
(2) 按照题目要求预先编写好实验中的程序段。

11.4.3 实验任务

1. 字符和字符串输入输出程序设计

编写步骤如下:

(1) 编写汇编语言源程序结构框架。定义程序代码段及数据段,并初始化数据段寄存器。

(2) 在代码段中输入以下程序段,经汇编、链接后,生成可执行文件。在 TD 下用 F8 或 F7 键单步运行,执行完 INT 21H 指令时,在键盘上按"5"键。

```
MOV  AH,1
INT  21H
```

① 运行结束后,AL 为多少? 它是哪一个键的 ASCII 码?

② 重复运行以上程序段,并分别用 A、B、C、D 键代替"5"键,观察运行结果有何变化。

(3) 在 DS:1000H 开始的内存区域设置如下键盘缓冲区:

```
DS:1000H  5,0,0,0,0,0,0
```

然后输入以下程序段,经汇编、链接后,在 TD 下用 F8 或 F7 键单步运行,执行 INT 21H 指令时,在键盘上键入 5、4、3、2、1、Enter 这 6 个键。

```
LEA  DX,[1000H]
MOV  AH,0AH
INT  21H
```

程序段运行完后,检查 DS:1000H 开始的内存区域:

① DS:1001H 单元的内容是什么? 它表示了什么含义?

② 从 DS:1002H 开始的内存区域中的内容是什么? 其中是否有字符"1"的 ASCII 码? 为什么?

(4) 在上述程序段基础上输入以下程序段,重新汇编、链接,之后在 DOS 下输入该可执行文件(或在 Windows 下双击该可执行文件的图标),运行。

```
MOV  DL,'A'
MOV  AH,2
INT  21H
```

① 观察屏幕上的输出,是否显示了"A"字符?

② 分别用 ♯、X、Y、$、? 代替程序段中的"A"字符,观察屏幕上的输出有何变化。

③ 分别用 0DH、0AH 代替程序段中的"A"字符,观察屏幕上的输出有何变化。

④ 用 07H 代替程序段中的"A"字符,观察屏幕上有无输出? 计算机内的扬声器是否发出"哔"的声音?

2. 编写如下功能程序并上机验证

在屏幕上显示输出字符串"Hello，world!"，并使光标位于字符串下一行的起始处。

3. 编写如下功能程序并上机验证

按 6 行×16 列的格式顺序显示 ASCII 码为 20H～7FH 的所有字符，即每 16 个字符为一行，共 6 行。每行中相邻的两个字符之间用空格字符分隔开。

提示：程序段包括两层循环，内循环次数为 16，每次内循环显示一个字符和一个空格字符；外循环次数为 6，每个外循环显示一行字符并显示一个回车符(0DH)和一个换行符(0AH)。

11.4.4   调试提示

(1) 源程序编写完成后，先静态检查，若无误，则对源程序进行汇编、链接，生成可执行源程序文件。

(2) 对上述实验内容，在源程序编写完成并生成可执行程序后，首先将程序在 DOS 下运行，观察执行结果。若结果不正确，再将程序调入 TD 中单步执行，找出问题。

11.4.5   实验报告要求

(1) 整理出运行正确的各题源程序段和运行结果。
(2) 回答实验中的问题。
(3) 说明系统功能调用的 10 号功能对键盘缓冲区格式有何要求。
(4) 1、2、9、10 号功能的输入输出参数有哪些？分别放在什么寄存器中？
(5) 总结如何实现字符及字符串的输入输出。

11.5   直线程序设计

11.5.1   实验目的

(1) 学习应用汇编语言进行加减运算的方法。
(2) 学习提示信息的显示及键盘输入字符的方法。
(3) 掌握直线程序的设计方法。

11.5.2   预习要求

(1) 认真阅读编程提示及字符及字符串的输入输出方法。

（2）理解直线程序是顺序结构程序。

（3）根据本实验的编程提示和程序框架预先编写汇编语言源程序。

11.5.3　实验内容

（1）在 NUM 变量中定义了 5 个无符号字节数据 U、V、W、X、Y，再定义字节变量 Z。编写程序计算 Z=(U+V−W*X)/Y，并将结果输出显示在屏幕上。程序流程如图 11-2 所示。实验数据分别是：U=09H,V=16H,W=02H,X=03H,Y=05H。

（2）若将上述 5 个字节数修改为：U=70,V=23,W=42,X=17,Y=41。重新运行，观察出现的现象并解释。

编程提示：

（1）无符号数和有符号数的乘、除运算指令不同。

（2）两个字节数相乘，运算结果为 16 位数，则存放于 AX 中；两个字操作数相乘，结果是 32 位数，则存放在 DX:AX 中。

（3）除法运算中，若除数是字节数，被除数必须是 AX，商在 AL 中，余数在 AH 中；若除数是 16 位数，被除数是 DX:AX。商在 AX，余数在 DX 中。

（4）在屏幕上显示的任何数字和字符，都需要转换为 ASCII 码。本实验的显示输出需要调用 DOS 功能中的单字符输出功能。

（5）程序结束时应正常返回 DOS 操作系统（请注意返回方式，可参见主教材中相关内容）。

程序参考流程图如图 11-2 所示。

11.5.4　思考问题

（1）将程序在 DOSBox 下直接运行。如正确，则改变 U,V,W,X,Y 的值，反复验证；如不正确，则将程序调入 TD 中进行调试。

（2）根据程序框架输入源程序，然后编译、链接、执行，观察执行结果。进一步思考：如果可以输入负整数，如何修改程序才能使结果正确？

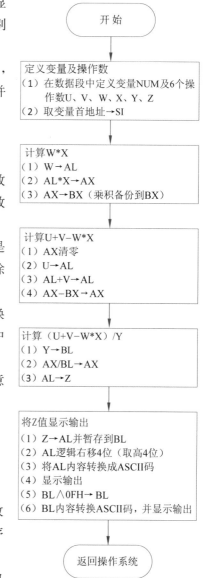

图 11-2　直线程序控制流程图

11.5.5　实验报告要求

（1）整理出直线程序的程序段和使用不同实验数据时的运行结果，对结果进行解释。

（2）简要说明汇编语言程序设计的步骤、每个步骤使用哪种软件工具及生成什么类型的文件。

第 12 章　汇编语言综合程序设计

任何复杂的程序都可以分解为顺序、分支和循环这 3 种基本结构和子程序结构。本章设计了若干含不同程序结构的实验,并在最后给出了一个有完整代码的经典实验案例,以辅助对不同结构汇编语言程序设计方法的掌握。

12.1　分支程序设计

12.1.1　实验目的

(1) 掌握 2 位十进制数转换为十六进制数的方法。

(2) 掌握提示信息显示及键盘输入字符串的方法。

(3) 掌握分支结构程序和子程序的设计方法。

12.1.2　预习要求

(1) 认真阅读编程提示和字符及字符串的输入输出方法。

(2) 理解分支程序与子程序结构。

(3) 预习十进制与 BCD 编码的关系,熟悉 0~F 的 ASCII 编码。

(4) 根据本实验的编程提示和程序框架预先编写汇编语言源程序。

12.1.3　实验内容

(1) 从键盘输入一个十进制正整数 $N(10 \leqslant N \leqslant 99)$,将其转换成十六进制数,转换的结果显示在屏幕上。

(2) 以子程序结构编写结果显示功能。

注意:键盘输入的内容都是 ASCII 码形式。

编程提示:

(1) 程序流程如图 12-1 所示,其中,"显示结果"流程编写为子程序如图 12-2 所示。

(2) 字符'0'~'9'的 ASCII 码是 30H~39H,即在数值 0~9 的基础上加 30H;字符'A'~'F'的 ASCII 码是 41H~46H,即在数值 A~F 的基础上加 37H。

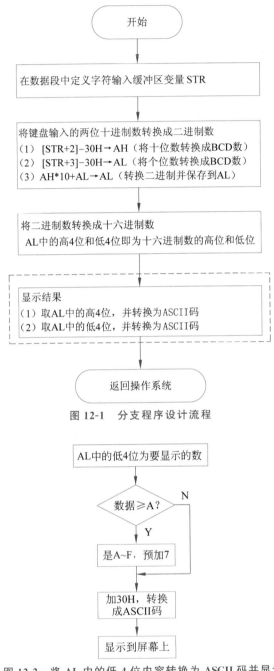

图 12-1　分支程序设计流程

图 12-2　将 AL 中的低 4 位内容转换为 ASCII 码并显示

（3）程序框架。

```
DSEG SEGMENT
STR  DB  3, 0, 3 DUP(?)
MES  DB  'Input a decimal number(10~99):', 0AH, 0DH, '$'
MES1 DB  0AH, 0DH,'Show decimal number as hex: $'
DSEG  ENDS
```

```
CSEG    SEGMENT
        ASSUME  CS:CSEG, DS:DSEG
START:MOV   AX,DSEG
        MOV   DS,AX
```

| 显示字符串：'Input a decimal number(10～99)：' |

| 从键盘输入一个两位的十进制数（ASCII 码形式） |

| 将十进制数转换成十六进制数（第一、二步） |

| 显示字符串：'Show decimal number as hex：' |

| 显示转换后的十六进制数（第三、四步） |

```
KEY: MOV   AH,1                    ;判断是否有键按下
      INT   16H                     ;为观察结果,并使程序有控制地退出
      JZ    KEY                     ;注：这三条指令可以省略
```

| 返回 OS 的指令序列 |

```
CSEG   ENDS
       END   START
```

12.1.4 思考问题

（1）将程序在 DOSBox 下运行,观察结果。如不正确,则将程序调入 TD 中进行调试。

（2）如果输入的数为 0～99,如何修改程序才能使结果正确。

12.1.5 实验报告要求

整理出分支程序的程序段和运行结果,对结果进行解释。

12.2 循环程序设计

12.2.1 实验目的

（1）学习提示信息的显示及键盘输入字符的方法。

（2）掌握循环程序的设计方法。

12.2.2 预习要求

（1）复习比较指令、转移指令、循环指令的用法。

（2）认真阅读编程提示和字符及字符串的输入输出方法。

（3）根据编程提示,编写汇编语言源程序。

（4）复习循环程序结构及构成循环程序的方法。

12.2.3 实验内容

以完整程序结构编写实现下述功能的汇编语言程序。

(1) 在屏幕上显示提示信息"Please input 10 numbers："。

(2) 根据提示,由键盘输入 10 个数(数的范围为 0～99)。

(3) 将输入的这 10 个数从小到大进行排序,并统计 0～59、60～79、80～99 的数各有多少。

(4) 将排序后的 10 个数显示到屏幕上(每个数之间用逗号分隔),并显示统计的结果。显示格式如下:

```
Sorted numbers: xx,xx,xx,xx,xx,xx,xx,xx,xx,xx
0-59: xx
60-79: xx
80-99: xx
```

12.2.4 编程提示

1. 提示信息的显示

提示信息需预先定义在数据段中,用"DB"伪指令定义。字符串前后加单引号,结尾必须用美元符'$'作为字符串的结束。若希望提示信息显示后光标能在下一行的起始位置显示,应在字符串后加回车和换行符。然后将此提示信息的偏移地址送 DX 中,用 9 号系统功能调用即可。程序段举例如下。

数据段中:

```
MESSAGE  DB 'Please input 10 numbers:',0DH,0AH,'$'
```

程序段中:

```
MOV  DX,OFFSET MESSAGE    ;或 LEA  DX, MESSAGE
MOV  AH,9
INT  21H
```

2. 接收键入的字符串

字符串输入可用 DOS 功能调用的 0AH 号功能。

注意:调用字符串输入功能前,需要首先在数据段定义键盘输入缓冲区。缓冲区大小可根据具体需要确定。如果输入的字符数超过所定义的键盘缓冲区所能保存的最大字符数,0AH 号功能将拒绝接收多出的字符。输入结束时的 Enter 键也作为一个字符(0DH)放入缓冲区,因此设置的缓冲区大小应比希望输入的字符个数多一字节。

键盘输入缓冲区的定义方法有如下两种(假定最多输入 9 个字符):

（1）在数据段中定义：

```
KB_BUF  DB  10, ?, 10 DUP(?)
```

（2）也可以在数据段中将上述键盘缓冲区定义为：

```
KB_BUF   DB  10          ;定义可接收最大字符数(包括 Enter 键)
ACTLEN   DB  ?           ;实际输入的字符数
BUFFER   DB  10 DUP(?)   ;存放输入字符的区域
```

3. 宏定义与宏调用

在显示提示信息和输入数据后，都需要用到 Enter 换行。这里用一个宏指令 CRLF 来实现。注意，宏指令 CRLF 中又调用了另外一个带参数的宏指令 CALLDOS。宏指令一般定义在程序的最前面。

宏定义：

```
CALLDOS MACRO FUNCTION       ;定义宏指令 CALLDOS
    MOV  AH, FUNCTION
    INT  21H
    ENDM                     ;宏定义结束
CRLF MACRO                   ;定义宏指令 CRLF
    MOV  DL,0DH              ;回车
    CALLDOS 2                ;2 号功能调用用于显示 DL 中的字符
    MOV  DL,0AH              ;换行
    CALLDOS 2
    ENDM                     ;宏定义结束
```

CRLF 宏指令用 2 号 DOS 功能调用（显示一个字符）显示回车符与换行符的方法来实现回车换行。2 号 DOS 功能在显示回车符与换行符时，实际上只是把光标移到下一行的开始，而并非把 0DH 和 0AH 显示在屏幕上。

宏调用：在程序中凡是需要进行回车换行的地方只要把 CRLF 看成是一条无操作数指令直接使用即可。在程序中若要使用 CALLDOS 宏指令，需要在 CALLDOS 宏指令后带上一个实参，该实参为 DOS 功能调用的功能号。

4. 其他注意点

（1）为了便于排序和统计，从键盘输入的数据可先转换成二进制数存储（转换方法参考 12.1 节中的相关介绍），在最后显示结果前再把数据转换成 ASCII 码。

（2）对数据进行排序的程序段请参考主教材 4.4.2 节中的例 4-17。但要注意本题目的要求是从小到大进行排序，而主教材中的例子是从大到小进行排序。

（3）对数据进行统计的程序段请参考主教材中的相关例子。

5. 循环程序参考流程

循环程序参考流程如图 12-3 所示。

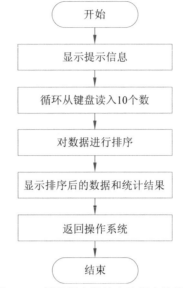

图 12-3 循环程序设计实验程序流程图

6. 程序框架

```
编程提示中介绍的宏 CALLDOS 和 CRLF 放在此处

DATA      SEGMENT                                    ;定义数据段
  MESSAGE   DB  'Please input 10 numbers:',0DH,0AH,'$'    ;提示信息字符串
;定义键盘缓冲区
KB_BUF    DB   3                                     ;定义可接收最大字符数(包括 Enter 键)
ACTLEN    DB   ?                                     ;实际输入的字符数
BUFFER    DB   3  DUP(?)                             ;输入的字符放在此区域中
;数据及统计结果
NUMBERS   DB   10 DUP(?)                             ;键入的数据转换成二进制后放在此处
LE59      DB   0                                     ;0~59 的个数
GE60      DB   0                                     ;60~79 的个数
GE80      DB   0                                     ;80~99 的个数
;显示结果的字符串
SORTSTR   DB   'Sorted numbers:'
SORTNUM   DB   10 DUP(20H,20H,','),0DH,0AH
MESS00    DB   '0-59:',30H,30H,0DH,0AH
MESS60    DB   '60-79:',30H,30H,0DH,0AH
MESS80    DB   '80-99:',30H,30H,0DH,0AH,'$'
DATA      ENDS
  ;
CODE SEGMENT                                         ;定义代码段
    ASSUME  CS:CODE,DS:DATA
```

```
START:  MOV   AX,DATA
        MOV   DS,AX
        ┌─────────────────────────────────────────────┐
        │ 1. 显示 MESSAGE 提示信息                      │
        └─────────────────────────────────────────────┘
        MOV   CX,10                             ;共读入 10 个数据
        LEA   DI,NUMBERS                        ;设置数据保存区指针
LP1:
        ┌─────────────────────────────────────────────────────┐
        │ 2. 从键盘读入一个数据,转换成二进制数存入 DI 所指向的内存单元 │
        └─────────────────────────────────────────────────────┘
        INC   DI                                ;指向下一个数据单元
        CRLF                                    ;在下一行输入
        LOOP LP1                                ;直到 10 个数据都输入完
        ┌─────────────────────────────────────────────────────┐
        │ 3. 对 NUMBERS 中的 10 个数据排序                       │
        └─────────────────────────────────────────────────────┘
        ┌─────────────────────────────────────────────────────┐
        │ 4. 对 NUMBERS 中的 10 个数据进行统计,结果放在 GE80、GE60 和 LE59 中 │
        └─────────────────────────────────────────────────────┘
        ┌─────────────────────────────────────────────────────┐
        │ 5. 把排序后的 10 个数据转换成 ASCII 码,依次存入 SORTNUM 字符串中 │
        └─────────────────────────────────────────────────────┘
        ┌─────────────────────────────────────────────────────┐
        │ 6. 把 GE80、GE60 和 LE59 中的统计结果转换成 ASCII 码,存入 MESS80、MESS60 │
        │ 和 MESS00 字符串中                                     │
        └─────────────────────────────────────────────────────┘
        LEA   DX, SORTSTR                        ;显示排序和统计的结果
        MOV   AH,9
        INT   21H
        MOV   AH,4CH                             ;返回 DOS
        INT   21H
CODE ENDS                                        ;代码段结束
    END   START                                  ;程序结束
```

12.2.5　实验习题

（1）从键盘输入任意一个字符串,统计其中不同字符出现的次数（不分大小写）,并把结果显示在屏幕上。

（2）从键盘分别输入两个字符串,若第二个字符串包含在第一个字符串中则显示'MATCH',否则显示'NO MATCH'。

12.2.6　实验报告要求

（1）整理出实现程序框架中方框 1～方框 6 中的程序段。

（2）总结编制分支程序和循环程序的要点。

（3）（选做）在实验习题（1）和实验习题（2）中任选一个,编写程序并上机验证。

12.3　含子程序结构的程序设计

12.3.1　实验目的

（1）掌握子程序设计的基本方法,包括子程序的定义、调用和返回,子程序中如何保护

和恢复现场,主程序与子程序之间如何传送参数。

（2）学习如何进行数据转换和计算机中日期时间的处理方法。

（3）了解在程序设计中如何用查表法解决特殊的问题。

12.3.2　预习要求

（1）复习主教材中关于子程序的内容。

（2）预习编程提示中的内容。

（3）按照题目要求在实验前编写好实验中的程序段。

（4）复习主教材中有关子程序的介绍、定义和调用方法。

12.3.3　实验内容

编写一个程序,在屏幕上实时地显示日期和时间(如 2003-4-26 15:32:58 显示为 3:32 P.M.,Saturday，April 26，2003),直到按下任意一个键才退出程序。程序编好后进行汇编、链接和运行,若有错误则用 td.exe 调试,直到能够正确运行为止。

12.3.4　程序控制流程

程序设计流程如图 12-4 所示。

12.3.5　编写程序

（1）获取当前时间可用 DOS 中断 INT 21H 的 2CH 号功能调用:

```
MOV  AH,2CH
INT  21H
```

此功能调用的出口参数为:

```
CH = 小时数(二进制数表示的 0~23)
CL = 分钟数(二进制数表示的 0~59)
DH = 秒数(二进制数表示的 0~59)
DL = 百分之一秒数(二进制数表示的 0~99)
```

（2）获取当前日期可用 DOS 中断 INT 21H 的 2AH 号功能调用:

```
MOV  AH,2AH
INT  21H
```

此功能调用的出口参数为:

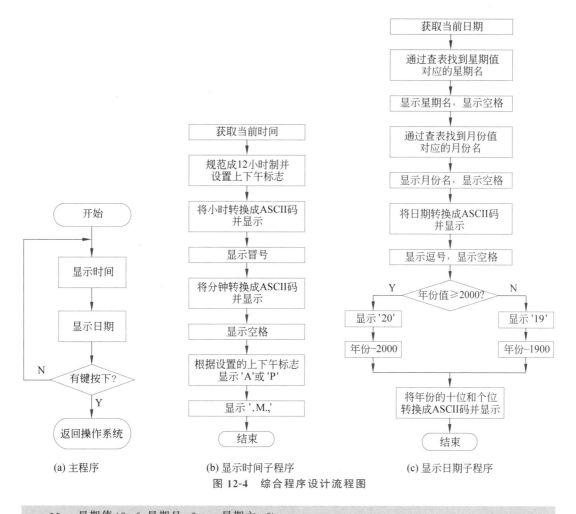

获取当前日期

通过查表找到星期值
对应的星期名

显示星期名，显示空格

通过查表找到月份值
对应的月份名

显示月份名，显示空格

将日期转换成ASCII码
并显示

显示逗号，显示空格

年份值≥2000?

Y　　　　　　　　N

显示 '20'　　　　显示 '19'

年份-2000　　　　年份-1900

将年份的十位和个位
转换成ASCII码并显示

结束

获取当前时间

规范成12小时制并
设置上下午标志

将小时转换成ASCII码
并显示

显示冒号

将分钟转换成ASCII码
并显示

显示空格

根据设置的上下午标志
显示 'A' 或 'P'

显示 '.M.,'

结束

开始

显示时间

显示日期

有键按下?

N　　Y

返回操作系统

(a) 主程序　　　　　(b) 显示时间子程序　　　　　(c) 显示日期子程序

图 12-4　综合程序设计流程图

AL = 星期值 (0~6,星期日=0,…,星期六=6)
CX = 年份值 (二进制数表示的 1980—2099)
DH = 月份值 (二进制数表示的 1~12)
DL = 日期值 (二进制数表示的 1~31)

(3) 将星期和月份转换成英文名可使用查表法实现,其基本思想是：在数据段中定义星期和月份的英文名字串,并把星期和月份字符串的首地址放到指针数组中,每个首地址占 2 字节。在需要得到某个星期或月份名字串的首地址时,以指针数组的首地址为基地址,用星期或月份数为索引(相对于基地址的位移量),即可从指针数组中取得该名字串的首地址。

(4) 把小时、分钟、日期以及年份的后 2 位转换成 ASCII 码,需要先把二进制数转换成 BCD 数。而把小于或等于 99 的二进制数转换成 BCD 数有一个简单的方法,就是用 AAM 指令。AAM 指令的操作是把 AL 中的内容除以 10(0AH),商送 AH,余数送 AL,这个操作正好与二进制数转十进制数的算法相同。所以凡是小于或等于 99 的二-十进制转换只要用一条 AAM 指令即可实现(要转换的数在 AL 中)。

(5) 测试有无键按下可用 DOS 中断 INT 21H 的 06H 号功能调用：

```
MOV  AH,06H
MOV  DL,0FFH
INT  21H
```

此功能调用的出口参数为：若 ZF＝1 表示没有键按下，ZF＝0 表示有某个键被按下。

12.3.6   程序框架

本程序按以下方式显示时间和日期：

```
    3:32 P.M.,Saturday April 26, 2003
;显示字符的宏定义
DISP   MACRO  CHAR
       PUSH  AX                      ;保存 DX 和 AX
       PUSH  DX
       MOV  DL, CHAR                 ;显示字符
       MOV  AH, 2
       INT  21H
       POP  DX
       POP  AX
       ENDM
;
DATA  SEGMENT                        ;数据段开始
;星期名指针表
D_TAB DW    SUN,MON,TUE,WED,THU,FRI,SAT
;月份名指针表
M_TAB DW    JAN,FEB,MAR,APR,MAY,JUN,JUL,AUG,SEP,OCT,NOV,DCE
;星期名字符串
SUN  DB    'Sunday$'
MON  DB    'Monday$'
TUE  DB    'Tuesday$'
WED  DB    'Wednesday$'
THU  DB    'Thursday$'
FRI  DB    'Friday$'
SAT  DB    'Saturday$'
;月份名字符串
JAN  DB    'January$'
FEB  DB    'February$'
MAR  DB    'March$'
APR  DB    'April$'
MAY  DB    'May$'
JUN  DB    'June$'
JUL  DB    'July$'
AUG  DB    'August$'
SEP  DB    'September$'
OCT  DB    'October$'
NOV  DB    'November$'
DCE  DB    'December$'
TMT  DB    '.M.,$'
SPACE =    20H                       ;空格字符
DATA  ENDS                           ;数据段结束
```

```
;
CODE   SEGMENT                          ;代码段开始
       ASSUME  CS:CODE, DS:DATA
START: MOV   AX, DATA
       MOV   DS, AX
LLL:   CALL  TIMES                      ;显示时间
       CALL  DATES                      ;显示日期
       DISP  0DH                        ;回车
       DISP  0AH                        ;换行
       MOV   AH, 06H
       MOV   DL, 0FFH
       INT   21H                        ;检查是否有键按下
       JE    LLL                        ;若没有,则循环显示
       MOV   AH, 4CH                    ;若有键按下则退回 DOS
       INT   21H
;显示时间的子程序
TIMES PROC  NEAR
```
┌───┐
│ 1. 根据显示时间子程序的流程图编制的程序段放在此处 │
└───┘
```
TIMES ENDP
;显示日期的子程序
DATES PROC  NEAR
```
┌───┐
│ 2. 根据显示日期子程序的流程图编制的程序段放在此处 │
└───┘
```
DATES ENDP
CODE  ENDS                             ;代码段结束
      END   START
```

12.3.7　实验报告要求

（1）整理出实现程序框架中方框 1 和方框 2 的子程序。

（2）总结编制子程序的要点。

12.4　典型设计案例

案例名称：将键盘输入的十进制数转换为二进制补码的汇编语言程序编写。

12.4.1　设计目标

（1）掌握十进制数与二进制数之间的转换方法。

（2）掌握主程序与子程序的接口方法和主-子程序间的参数传递方法。

12.4.2　案例涉及的知识点和技能点

80x86 汇编级指令系统,源程序结构,汇编语言程序设计的一般过程,基本结构程序设

计和子程序设计与调用。

12.4.3 设计任务

按主-子程序结构,编程实现以下功能:主程序从键盘输入 5 位带符号的十进制数(−32768~32767),并转换成等值的补码二进制数;然后调用子程序,将转换结果以二进制形式从屏幕输出。

12.4.4 任务分析

1. 十进制数转换成二进制数

设 $X = X_{n-1} \cdots X_1 X_0$ 为 n 位无符号十进制数,则 X 转换为二进制数的一般方法为:

$$X_{n-1} \times 10^{n-1} + \cdots + X_1 \times 10 + X_0 \qquad ①$$

用适合循环的形式表示为:

$$((\cdots((0 \times 10 + X_{n-1}) \times 10 + X_{n-2}) \cdots) \times 10 + X_1) \times 10 + X_0 \qquad ②$$

2. 二进制数显示

若要用二进制形式显示转换结果,可用移位指令和加法将每位二进制数转换成 0/1 对应的 ASCII 码,用 DOS 的 2 号功能调用显示。图 12-5 给出了将字变量 INTEGER 中的数以二进制数显示的程序流程。

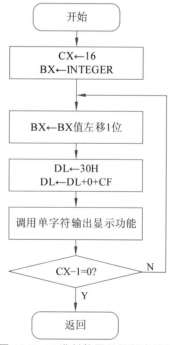

图 12-5 二进制数显示子程序流程

12.4.5　参考方案

1. 十进制数转换成二进制数

用计数循环结构从高位到低位依次对每位十进制数进行转换处理。算法如下：

```
        sum=0;
        i=n-1;
again:  sum=sum×10;
        sum=sum+X[i];
        i=i-1
        if (i≥0) goto again
```

此例要求将带符号十进制数转换成二进制补码数，所以转换开始时要先检测输入的数有无正、负号（＋、－）。若有，则剔除＋、－号，再将无符号的十进制数按上述算法转换成二进制数；若输入的十进制数有符号且符号为"－"，则还要将结果转换成补码。

2. 程序清单

假定从键盘输入 ASCII 码表示的十进制数用 DOS 的 0AH 号功能调用实现，主程序（带符号十进制数转换成二进制数）与子程序（二进制数显示）间采用存储器（变量 INTEGER）传递参数，则完成上述功能的程序如下：

```
DATA   SEGMENT   USE16
   BUF            DB  6,?                      ;I/O 缓冲区(BUF+ASCSTG)
   ASCSTG         DB  10 DUP(?)                ;存放输入的 ASCII 码数
   INTEGER        DW  0                        ;存放二进制数
   PROMT          DB  'INPUT   DECIMAL(5):$'
   ERR            DB  0DH,0AH,'ERROR!NO DECIMAL!$'
DATA   ENDS
CODE   SEGMENT   USE16
  ASSUME   CS:CODE,DS:DATA
START:  MOV    AX,DATA
        MOV    DS,AX
        MOV    DX,OFFSET  PROMT
        MOV    AH,09H
        INT    21H                             ;输出提示信息
        MOV    DX,OFFSET  BUF                  ;取缓冲区首址
        MOV    AH,0AH
        INT    21H                             ;输入 5 位十进制数(不含回车符 CR)
        LEA    SI,ASCSTG                       ;SI 指向输入的 ASCII 码十进制数
        XOR    AX,AX                           ;存放二进制值
        MOV    BL,0                            ;正负数标志,0 为正数
        MOV    BH,BUF[1]                       ;取实际输入的十进制数位数
        CMP    BH,0
        JZ     EXIT                            ;未输入任何数,结束
        MOV    CX,10
```

```
              MOV    DL,[SI]                ;取十进制数的最高位
              CMP    DL,'+'                 ;检测是否'+'号
              JNZ    NEXT
              INC    SI                     ;去掉'+'号
              DEC    BH                     ;位数减 1
              JMP    CONV
      NEXT:   CMP    DL,'-'                 ;检测是否'-'号
              JNZ    CONV
              INC    SI                     ;去掉'-'号
              DEC    BH                     ;位数减 1
              MOV    BL,0FFH                ;置负数标志
      CONV:   CMP    BH,0                   ;处理完?
              JZ     STORE                  ;已完,退出转换
              MOV    DL,[SI]                ;取 1 位十进制数
              INC    SI                     ;SI 指向下一位十进制数
              CMP    DL,'0'
              JB     ERROR                  ;非十进制数,转错误处理
              CMP    DL,'9'
              JA     ERROR
              SUB    DL,30H                 ;将 ASCII 码数转换成非压缩 BCD 数
              PUSH   DX                     ;保存当前十进制位的值
              MUL    CX                     ;高位转换结果乘 10,存于 AX(DX 丢弃)
              POP    DX                     ;恢复当前十进制位的值
              ADD    AL,DL                  ;加当前十进制位的值
              ADC    AH,0
              DEC    BH                     ;位数减 1
              JMP    SHORT  CONV
      STORE:  CMP    BL,0                   ;是否负数?
              JZ     LP
              NEG    AX                     ;是负数,转换成补码
      LP:     MOV    INTEGER,AX             ;保存结果
              CALL   DISPLAY                ;调用显示子程序显示转换结果
      EXIT:   MOV    AX,4C00H
              INT    21H
      ERROR:  MOV    DX,OFFSET ERR
              MOV    AH,09H
              INT    21H                    ;输出错误提示
              JMP    EXIT
      DISPLAY PROC                          ;16 位二进制数显示子程序
              PUSH   AX                     ;保护现场
              PUSH   BX
              PUSH   CX
              MOV    BX,INTEGER             ;取显示二进制数
              MOV    CX,10H
      BINDISP: ROL   BX,1                   ;将最高位送 CF
              MOV    DL,30H                 ;将当前最高位转换成 ASCII 码
              ADC    DL,0
              MOV    AH,2                   ;显示二进制数的当前最高位
              INT    21H
              LOOP   BINDISP
```

```
            PUSH    CX                                  ;恢复现场
            PUSH    BX
            PUSH    AX
            RET
DISPLAY     ENDP
CODE        ENDS
            END     START
```

12.4.6　思考问题

（1）若十进制数转换成二进制数也用子程序实现,程序应如何修改？

（2）若检测到输入数据中有非数字字符时,不仅要求提示输入错误信息,而且要求重新输入数据转换,直到输入正确为止,程序应如何修改？

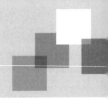

第 13 章 存储器与简单 I/O 接口设计

存储器接口和 I/O 接口的译码电路有相似的原理。本章基于 10.2 节介绍的虚拟仿真软件,设计了包括基于 I/O 地址译码和存储器扩充两类实验,并在最后给出了一个存储器扩充典型设计案例。考虑到普适性,典型设计案例没有基于仿真软件,而是从原理上实现了一个存储器接口的完整软硬件设计。

13.1 8086 最小系统构建和 I/O 地址译码实验

13.1.1 实验目的

(1) 掌握 I/O 地址译码器的工作原理和电路设计。
(2) 掌握 Proteus ISIS 中电路原理图的模块化设计方法。
(3) 绘制通用的 8086 最小系统电路图和 I/O 地址译码电路图供后续实验使用。

13.1.2 预习要求

(1) 复习最小模式下 8086 系统总线的结构与实现。
(2) 事先编写好实验中的程序。

13.1.3 实验内容

(1) 设计通用的 8086 最小系统电路模块。
(2) 设计通用的 I/O 地址译码电路模块。
(3) 编写测试程序,对 8086 最小系统和 I/O 地址译码电路模块进行仿真测试。

13.1.4 实验预备知识

本书中的仿真实验采用模块化方法进行硬件电路设计。模块化设计有很多优点。
(1) 对于较大、较复杂的电路图,如果将整个电路图都画在一张图纸上不仅容易出错,同时也不利于分工合作和技术交流,而利用模块化的电路设计方法可以将复杂的电路图根据功能划分为几个模块,绘制出多张原理图,能够较好地解决上述问题。

（2）在硬件电路设计时,电路中的某些部分往往与以前设计过的电路是相同或类似的。利用模块化的电路设计方法可以直接引用以前设计好的电路模块,从而大大缩短设计周期,并减少设计错误。

上述第（2）条对于本实验指导书中的仿真实验尤其重要。本实验指导书中,每个仿真实验的微处理器电路和 I/O 地址译码电路部分都基本相同,若每个实验都重新绘制显然会浪费宝贵的实验时间。

因此,本实验将利用模块化设计方法,将微处理器电路和 I/O 地址译码电路做成子电路模块,以方便后面的实验重复使用。

本实验需要设计 3 个电路模块:8086 最小系统、I/O 地址译码电路、测试用辅助电路。

（1）8086 最小系统电路提供如下基本总线信号:

- 地址信号线 XA0～XA19。
- 数据信号线 XD0～XD15。
- 数据总线高 8 位允许信号$\overline{XBHE}$。
- 存储器读写控制信号$\overline{MEMR}$、$\overline{MEMW}$。
- I/O 读写控制信号$\overline{IOR}$、$\overline{IOW}$。

（2）I/O 地址译码电路提供 I/O 地址译码输出信号$\overline{IOY0}$～$\overline{IOY7}$,地址分别为:

$\overline{IOY0}$：1000H～100FH
$\overline{IOY1}$：1010H～101FH
$\overline{IOY2}$：1020H～102FH
$\overline{IOY3}$：1030H～103FH
$\overline{IOY4}$：1040H～104FH
$\overline{IOY5}$：1050H～105FH
$\overline{IOY6}$：1060H～106FH
$\overline{IOY7}$：1070H～107FH

注意:地址线 XA0～XA3 未参与译码,故每个译码输出信号对应 16 个地址。

（3）用辅助电路测试 8086 最小系统和 I/O 地址译码电路设计是否正确。其原理是采用一个 8D 锁存器驱动 8 个 LED 灯,编写程序使 LED 灯循环点亮,呈现流星灯效果。8 个灯的显示顺序为:10000000→11000000→11100000→11110000→01111000→00111100→00011110→00001111→00000111→00000011→00000001-00000000→再从头开始。

（4）本实验使用的仿真元件清单见表 13-1。

表 13-1 8086 最小系统构建和 I/O 地址译码实验元件清单

元 件 名 称	所 属 类	功 能 说 明
8086	Microprocessor ICs	微处理器
74LS138	TTL 74 series	3-8 译码器
74LS245	TTL 74 series	双向总线收发器
74LS273	TTL 74 series	八 D 锁存器(带清除端)

续表

元件名称	所属类	功能说明
NOT	Simulator Primitives	非门
NAND_2	Modeling Primitives	两输入与非门
OR_2	Modeling Primitives	2输入或门
OR_8	Modeling Primitives	8输入或门
LED-RED	Optoelectronics	红色LED发光管
RESPACK-8	Resistors	8电阻排

13.1.5　实验操作指导

1. 创建8086最小系统模块

1)使用子电路工具建立8086最小系统模块框图

(1)绘制模块外框。

用鼠标左键单击"子电路模式"按钮,然后在编辑窗口按住鼠标左键拖动,拖出子电路模块图框,如图13-1(a)和(b)所示。

(2)放置信号端子。

从图13-1(a)所示的元器件选择窗口中选择BUS(总线端子),放置在子电路图框的右侧。放置的方法是将铅笔光标移动到子电路图框的右侧边线合适的位置上,当铅笔光标的尖端上显示一个叉号(×)时,单击左键即可。总线端子共放置3个。再从元器件选择窗口中选择OUTPUT(输出端子),放置在子电路图框的右侧,输出端子共放置5个,如图13-1(c)所示。

(3)编辑端子名称。

鼠标右键单击端子,在弹出的快捷菜单中选择"编辑属性",打开属性编辑对话框,在"标号"栏中输入端子名称(端子名称必须与接下来要绘制的子电路逻辑终端名称一致)。端子名称编辑完成后的样子如图13-1(c)所示。各端子含义如下:

XD[0..15]:数据总线(16位)。

XA[0..15]:地址总线的低16位。

XA[16..19]:地址总线的最高4位。

$\overline{XBHE}$:数据总线高8位允许信号。

$\overline{IOR}$:I/O读控制信号。

$\overline{IOW}$:I/O写控制信号。

$\overline{MEMR}$:存储器读控制信号。

$\overline{MEMW}$:存储器写控制信号。

2)编辑8086最小系统模块子电路图

在子电路模块图框上单击右键,在弹出的快捷菜单中选择"转到子页面",这时ISIS加

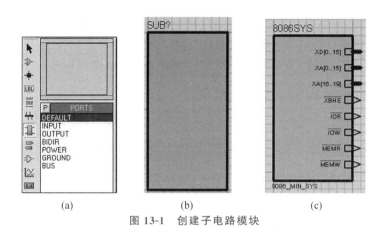

图 13-1　创建子电路模块

载一个空白的子图页面。接下来要绘制的子电路原理图要在此页面中编辑。

在子图页面中输入如图 13-2 所示的 8086 最小系统子电路原理图。

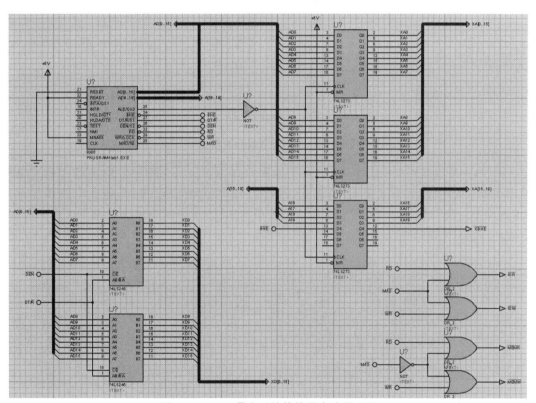

图 13-2　8086 最小系统模块子电路原理图

注意：

- 绘制子电路时，需要与外部连接的信号端子应采用终端模式，其名称要与第(1)步中设置的端子名称一致。

- 连接总线与元件引脚的连线需标注信号名称。方法是先选中连线，然后在连线上要放置信号名称的位置单击右键，在弹出的快捷菜单中选择"放置连线标签"，弹出编辑连线标签对话框，在标签栏中输入信号名称，单击"确认"关闭对话框。

子电路编辑完后，单击工具栏上的"保存设计"按钮保存电路图（文件名为 8086.DSN），然后在子电路编辑窗口的空白处单击右键，在弹出的快捷菜单中选择"退出到父页面"，返回主设计页。最后单击工具栏上的"保存设计"按钮再次保存电路原理图。

2. 创建 I/O 地址译码子电路

首先，按上述同样的方法绘制图 13-3 所示的 I/O 地址译码模块框图，绘制好后选中模块框图，再单击工具栏上的"导出区域"按钮，将模块框图保存成部件组文件（文件名为 **IOS_M.SEC**）。

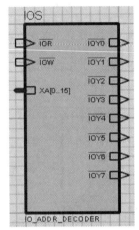

图 13-3　I/O 地址译码模块框图

然后，在模块框图上单击右键，进入子电路页面，按图 13-4 绘制 I/O 地址译码子电路图，绘制好后选中整个子电路图，再单击工具栏上的"导出区域"按钮，将子电路图保存为 **IOS_S.SEC**。最后在子电路编辑窗口的空白处单击右键，在弹出的快捷菜单中选择"退出到父页面"，返回主设计页。

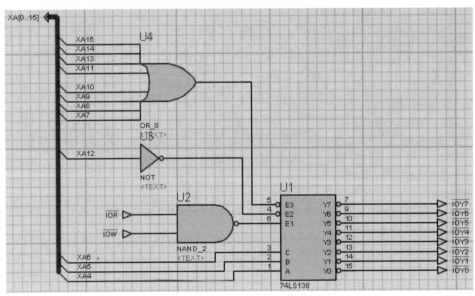

图 13-4　I/O 地址译码模块子电路原理图

建议：两个子电路模块制作完成后，可将制作完成的 8086.DSN、IOS_M.SEC、IOS_S.SEC 保存到自己的 U 盘中，以便在本实验和后续实验中使用。

3. 绘制实验电路原理图

（1）将 8086.DSN 复制一个副本，重命名为 lab1.DSN。

（2）重新启动 Proteus ISIS。单击工具栏上的"打开设计"按钮，选择 lab1.DSN。

（3）单击工具栏上的"导入区域"按钮，选择 IOS_M.SEC(I/O 地址译码模块框图)，将其放置到合适的地方。然后在模块框图上单击右键，在弹出的快捷菜单中选择"转到子页面"，这时 ISIS 加载一个空白的子图页面，单击工具栏上的"导入区域"按钮，选择 IOS_S.SEC(I/O 地址译码子电路)，将子电路放置在合适的地方，最后在子页面空白处单击右键，在弹出的快捷菜单中选择"退出到父页面"。

（4）按图 13-5 对两个模块进行连线，并绘制测试用辅助电路。

（5）对所有元器件进行标注。在菜单栏上选择"工具栏"→"全局标注"，弹出标注器对话框，在其中选择"范围"为"整个设计"，选择"模式"为"增量"，然后单击"确定"按钮关闭对话框。

（6）将实验电路图保存为 lab1.DSN。

4. 编写测试程序

参考程序如下：

```
.model small
.8086
.stack
.data
.code
.startup
    mov  dx,1000h            ;74LS273 锁存器的地址
lp0:
    mov  bx,0e001h           ;点亮 LED 灯的模式值,仅低 8 位输出
lp1:
    mov  al,bl
    out  dx,al               ;输出当前点亮模式
    mov  ah,1                ;延迟 1 个基本时间单位
    call delay
    cmp  bl,0                ;判断模式是否结束
    jz   lp2                 ;若结束,进行长延时
    rol  bx,1                ;下一模式值
    jmp  lp1                 ;循环
lp2:
    mov  ah,8                ;延迟 8 个基本时间单位
    call delay
    jmp  lp0                 ;重新开始
delay:
    mov  cx,5000
d:  loop d
```

```
        dec   ah
        jnz   delay
        ret
end
```

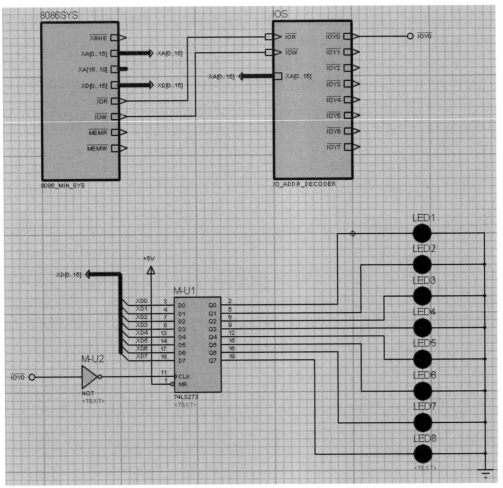

图 13-5　8086 最小系统构建和 I/O 地址译码实验电路图

5. 仿真运行

按照 10.2.3 节的步骤进行电路仿真,如果电路、程序和仿真环境设置没有问题,应该可以看到电路图上的 LED 灯像流星坠落样式顺序点亮。

13.1.6　实验习题

如果要使 LED 灯按走马灯样式逐个点亮(每个灯每次亮 0.5s),编写程序并仿真运行。

13.1.7　实验报告要求

（1）给出所绘制电路图的屏幕截图（8086 模块图、8086 子电路图、I/O 地址译码模块图、I/O 地址译码子电路图、实验电路图）。

（2）将实验仿真运行画面的截图粘贴到实验报告中。

（3）给出能够正确运行的实验源程序和实验习题的源程序。

（4）在绘制电路原理图和仿真运行时，碰到的主要问题是什么？你是如何解决的？

（5）写出实验小结、体会和收获。

13.2　存储器扩充实验

13.2.1　实验目的

（1）了解静态存储器操作原理。

（2）掌握 16 位存储器电路设计。

13.2.2　预习要求

（1）复习存储器扩充方法。

（2）事先编写实验中的汇编语言源程序。

13.2.3　实验内容

（1）用 6264 静态存储器芯片设计容量为 16K×8b 的存储器电路。

（2）编写程序，往存储器中写入按某种规律变化的数据。

（3）仿真运行，在调试状态下观察存储器写入是否正确。

13.2.4　实验预备知识

8086 微处理器具有 16 位数据线，每次既可以读写 16 位数据，也可以读写 8 位数据。为了能够一次读写 16 位数据，8086 的存储器分为奇体和偶体，奇体的存储单元地址全部为奇数，偶体的存储单元地址全部为偶数。偶体由 A0 选通，奇体由 $\overline{\text{BHE}}$ 选通。

存储器中，从偶地址开始存放的 16 位数据称为规则字，从奇地址开始存放的 16 位数据称为非规则字。8086 访问规则字只需要一次读写操作，$\overline{\text{BHE}}$ 和 A0 同时有效，从而同时选通奇体和偶体；但访问非规则字却需要两次读写操作，第一次读写操作时 $\overline{\text{BHE}}$ 有效，访问的是奇地址字节；第二次读写操作时 A0 有效，访问的是偶地址字节。写规则字和非规则字的简单时序图如图 13-6 所示。

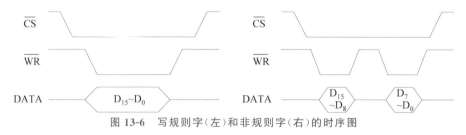

图 13-6　写规则字(左)和非规则字(右)的时序图

8086 读写 8 位数据时只需要一个读写周期,视其存放单元为奇或偶,使 $\overline{BHE}$ 或 A0 有效,从而选通奇体或偶体。

13.2.5　实验操作指导

本实验使用 SRAM 6264 芯片构成 16KB 的存储器,6264 芯片引脚图如图 13-7 所示。实验中的 8086 内部存储器空间设置为 32KB(0~7FFFH),因此扩充的 16KB 存储器地址范围为 8000H~BFFFH,共 4000H 个存储单元。其中奇数地址存储单元共 8KB,由原理图中的 SRAM-1(BANK0)存储器芯片提供;偶数地址的存储单元共 8KB,由原理图中的 SRAM-2(BANK1)存储器芯片提供。可根据以上地址范围设计存储器的地址译码电路。

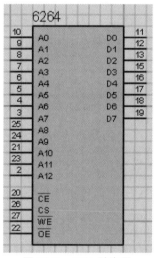

图 13-7　6264 引脚图

为了能够观察存储器操作的结果,编写程序时应注意,在存储器所有单元都写入后,要使用一条 INT 3 指令,这条指令可暂停仿真运行,从而进入调试状态。在调试状态中可打开存储器观察窗口,观察存储器的内容。

1. 设计原理图

16 位存储器扩展电路的原理图如图 13-8 所示,使用的元件清单见表 13-2(不包括 8086 模块中的元件)。

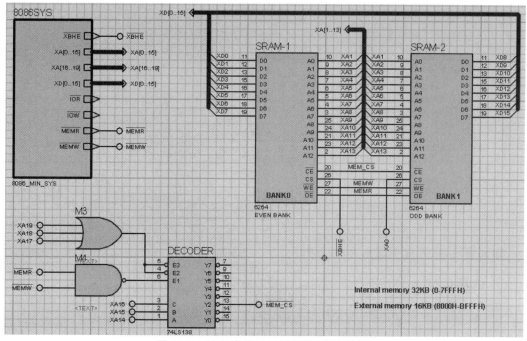

图 13-8　16 位存储器扩展实验电路原理图

表 13-2　16 位存储器扩展实验元件清单

元 件 名 称	所 属 类	功 能 说 明
6264	Memory ICs	8K×8 SRAM 芯片
74LS138	TTL 74 series	3-8 译码器
NAND_2	Modeling Primitives	2 输入与非门
OR_3	Modeling Primitives	3 输入或门

电路原理图中的 8086 模块直接使用实验 13.1 中已建立的 8086.DSN,步骤如下。

(1) 将 8086.DSN 复制一个副本,重命名为 lab2.DSN。

(2) 启动 Proteus ISIS。单击工具栏上的"打开设计"按钮,选择 lab2.DSN。

(3) 绘制原理图中的其他电路并保存设计文件。

2. 编写程序

将存储器的 BANK0(偶地址存储体)全部填入 0AAH,BANK1(奇地址存储体)全部填入 55H。为了能够观察存储器操作的结果,在所有存储单元都写入后,要使用 INT 3 指令作为程序的最后一条指令,该指令可暂停仿真运行,进入调试状态。在调试状态中可打开存储器观察窗口,观察存储器的内容。

参考程序如下:

```
.model small
.8086
```

```
.stack
.code
.startup
   MOV  AX, 0
   MOV  DS, AX              ;段地址=0
   MOV  BX, 8000H           ;存储器首地址
   MOV  CX, 2000H           ;每个存储体 8K 字节
LP:
   MOV  BYTE PTR[BX+0],0AAH  ;偶地址存储体全部写入 0AAH
   MOV  BYTE PTR[BX+1],055H  ;奇地址存储体全部写入 055H
   ADD  BX, 2
   LOOP LP
   INT  3H                  ;停止在 INT 3H
end
```

输入完后,将源程序保存为 lab2.asm。

3. 仿真运行

(1) 按表 13-3 设置 8086 模型属性。按 10.2 节内容设置编译环境。

表 13-3 设置 8086 模型的属性

属　　　性	属　性　值
是否使用外部时钟(External Clock)	No
时钟频率(Clock Frequency)	1500KHz
内部存储器起始地址(Internal Memory Start Address)	0x00000
内部存储器容量(Internal Memory Size)	0x10000
程序载入段(Program Loading Segment)	0x0200
程序运行入口地址(BIN Entry Point)	0x02000
是否在 INT 3 处停止(Stop on Int3)	Yes

(2) 按 10.2 节的介绍的方法添加源程序并进行编译。

(3) 仿真运行,观察存储器的内容。

单击仿真开始按钮,待仿真暂停后,将菜单中的"调试"→"Memory Contents-SRAM-1",在"Memory Contents-SRAM-1"前面打上钩(单击选项即可),打开存储器观察窗口,观察存储器中的内容是否正确。

13.2.6 实验习题

(1) 修改程序。

- 使写入的内容为 0~127,然后又是 0~127……直到全部 16KB 都写入按此规律变化的数据。
- 进行 16 位存储器写入操作,每次写入的内容为两个字符"CD",直到全部 16KB 都写入同样的数据。

（2）将程序改为非规则字写入,再单步仿真运行,观察存储器中数据的变化,分析规则字和非规则字在存储器中的存放规律。

（3）再添加两片 6264 芯片,地址范围为 C000H～FFFFH。编程将偶数地址单元全部填入字符"E",奇数地址单元全部填入字符"Z"。

13.2.7　实验报告要求

（1）将绘制的实验电路原理图的屏幕截图粘贴到实验报告中。
（2）将存储器观察窗口的屏幕截图粘贴到实验报告中。
（3）给出能够正确运行的实验源程序和实验习题的源程序。
（4）在实验中遇到的主要问题是什么？你是如何解决的？
（5）写出实验小结、体会和收获。

13.3　存储器扩充典型设计案例

案例名称：存储器扩充及测试。

13.3.1　设计目标

（1）了解 SRAM 芯片的主要引脚信号,掌握 8 位存储器扩充方法。
（2）了解总线信号的定义和总线的工作时序。

13.3.2　案例涉及的知识点和技能点

半导体存储器,存储器接口设计,存储器扩充。

13.3.3　设计任务

用 6116 SRAM 为系统扩充 8KB 的存储器。要求：
（1）起始地址为 D0000H。
（2）采用全地址译码。
（3）用汇编或 C 语言编写程序对扩充的 8KB 存储器进行读写测试,若测试正确显示"OK!",否则显示"ERROR!"。

13.3.4　任务分析

（1）6116 SRAM 简介。
6116 是 2K×8 位的 SRAM 芯片,外部引脚如图 13-9 所示。

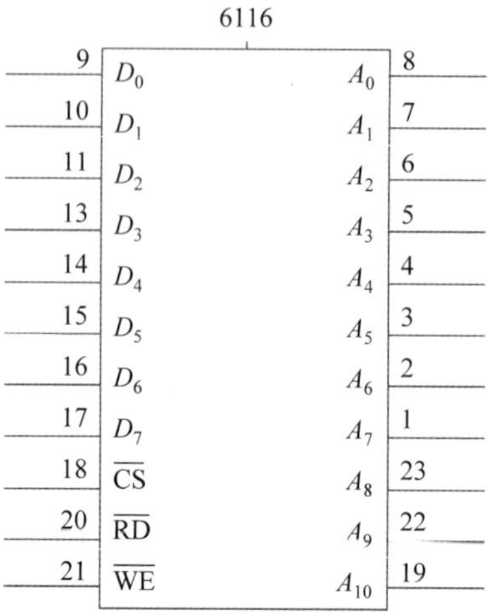

图 13-9　6116 SRAM 的引脚图

各引脚功能如下：

- $A_0 \sim A_{10}$：11 位地址线，用于寻址片内的 2K 个存储单元。
- $D_0 \sim D_7$：8 位并行数据输入输出线。
- $\overline{CS}$：片选信号。低电平有效。
- $\overline{RD}$：读操作。当 $\overline{CS}=0$，$\overline{RD}=0$，$\overline{WE}=1$ 时，选中单元中的数据被读出。
- $\overline{WE}$：写操作。当 $\overline{CS}=0$，$\overline{RD}=1$，$\overline{WE}=0$ 时，数据被写入选中的存储单元。

（2）存储器接口电路设计。

6116 的容量为 2KB，要满足扩充存储器的容量要求，需要 4 片 6116 芯片。译码电路使用 74LS138 进行设计，根据规定的地址范围和全地址译码要求，$A_{19} \sim A_{11}$ 要参与译码，而 A10～A0 直接与 6116 连接。

因给定起始地址为 D0000H，则 8KB 存储空间的地址范围为：D0000H～D1FFFH。由此可得出 4 片 6116 芯片的高位地址（$A_{19} \sim A_{11}$）分别为：

```
Chip1 :110100000
Chip2 :110100001
Chip3 :110100010
Chip4 :110100011
```

每片 6116 芯片的 $\overline{CS}$ 接译码输出，$\overline{RD}$ 和 $\overline{WE}$ 分别接总线上的 $\overline{MEMR}$ 和 $\overline{MEMW}$ 信号。完整的实验电路见图 13-10。

（3）测试程序设计。

测试存储器的好坏可以用先写入再读出的方法进行测试。若某个单元写入和读出的数据不同，则说明该单元有故障。写入的数据模式可以有多种，进行简单测试时可采用 00H、FFH、55H、AAH 四种位模式。

测试程序流程图如图 13-11 所示。

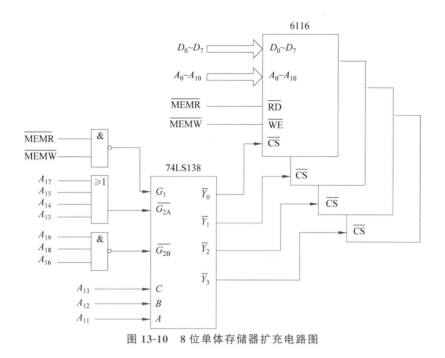

图 13-10　8 位单体存储器扩充电路图

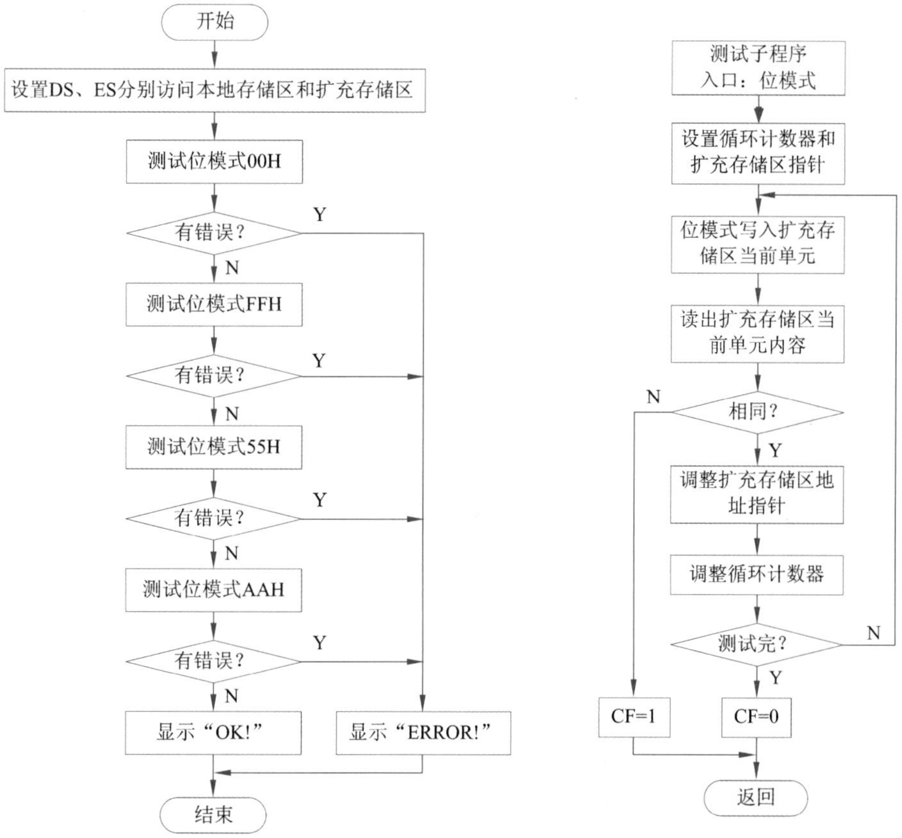

图 13-11　存储器测试流程

(a)

(b)

13.3.5　参考方案

参考源程序如下：

```
.model small
.data
    OK DB   "OK!$"
    ERROR DB   "Error!$"
.code
Main:  MOV  AX, @data①
       MOV  DS, AX                    ;DS 寻址本地数据区
       MOV  AX, 0D000H
       MOV  ES, AX                    ;ES 寻址扩充存储区
       MOV  AL, 0                     ;测试位模式 0
       CALL CHECK
       JC   DISP_ERR
       MOV  AL, -1                    ;测试位模式 FFH
       CALL CHECK
       JC   DISP_ERR
       MOV  AL, 55H                   ;测试位模式 55H
       CALL CHECK
       JC   DISP_ERR
       MOV  AL, 0AAH                  ;测试位模式 AAH
       CALL CHECK
       JC   DISP_ERR
       LEA  DX, OK
       JMP  DISP
DISP_ERR:
       LEA  DX, ERROR
DISP:  MOV  AH, 9
       INT  21H
       MOV  AH, 4CH
       INT  21H
  CHECK PROC
       MOV  CX, 8192
       MOV  DI, 0
L:     MOV  ES:[DI], AL
       MOV  AH, ES:[DI]
       CMP  AH, AL
       JNZ  ERR
       INC  DI
       LOOP L
       CLC
```

---

① @data 是一个组名，表示本地存储区。.model 语句主要用于定义程序的内存模式,使用 @data 这样的方式,须先用.model 指定程序内存模式。不同的内存模式可以影响最后行程的可执行程序的规模。具体请参阅其他相关资料。

```
ERR:    STC
        RET
CHECK   ENDP
        end  Main
```

13.3.6　思考问题

（1）若将扩充存储器的起始地址从 D0000H 改为 00000H，有什么问题？

（2）若要利用 6116 设计一个 16 位的双体存储器，电路上需要如何修改？

第 14 章　可编程并行数字接口电路设计

可编程数字接口的应用非常广。结合主教材内容,本章设计了包括可编程定时计数器 8253 和可编程并行接口 8255 两类数字接口实验。与第 14 章类似,最后也给出了一个可编程并行接口的典型设计案例。

14.1　可编程定时计数器实验

14.1.1　实验目的

(1) 了解 8253 可编程定时计数器芯片的工作原理。

(2) 掌握 8253 的应用。

14.1.2　预习要求

(1) 复习 8253 的工作原理和编程方法。

(2) 事先编写实验中的汇编语言源程序。

14.1.3　实验内容

用 8253 设计一个方波发生器,3 个计数通道的输出频率分别为 100Hz、10Hz、1Hz。

14.1.4　实验预备知识

8253 定时计数器有 6 种工作方式,其中方式 3 为方波发生器方式,能够输出一定频率的连续方波。所以,将 8253 的 3 个通道均按方式 3 进行初始化,即可使 3 个计数通道输出要求的方波波形。3 个通道输出方波的频率指定如下:

通道 0: 100Hz

通道 1: 10Hz

通道 2: 1Hz

为了观察输出的方波波形,实验中使用了虚拟示波器。

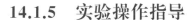

14.1.5　实验操作指导

本实验中,8253 的输入时钟频率为 100kHz。若 3 个通道的时钟输入均为 100kHz,则所需的计数初值 N 分别为:

通道 0:$N_0 = 100\text{kHz}/100\text{Hz} = 1000$

通道 1:$N_1 = 100\text{kHz}/10\text{Hz} = 10000$

通道 2:$N_2 = 100\text{kHz}/1\text{Hz} = 100000$

可以看出,由于 8253 每个计数通道的最大分频值为 65536,如果采用单级计数,则无法实现 1Hz 的输出。为此,实验电路采用了多通道级联方式,将 8253 通道 1 的输出脉冲(10Hz)作为通道 2 的时钟输入,这时通道 2 的计数初值 N_2 应为 $10\text{Hz}/1\text{Hz} = 10$。

下面是 3 个计数通道的初始化参数:

通道 0:$N_0 = 1000$,CW = 00110110B(36H)

通道 1:$N_1 = 10000$,CW = 01110110B(76H)

通道 2:$N_2 = 10$,CW = 10110110B(B6H)

为了编程方便,3 个通道的初始化序列用宏来实现(参见下面源程序)。

1. 设计实验原理图

实验电路原理图如图 14-1 所示。原理图中使用的元件清单见表 14-1(不包括 8086 模块和 I/O 地址译码模块中的元件)。

表 14-1　8253 定时计数器实验元件清单

元 件 名 称	所 属 类	功 能 说 明
8253A	Microprocessor ICs	可编程定时计数器

在图 14-1 中,8253 的$\overline{\text{CS}}$引脚连接到 I/O 地址译码模块的输出引脚$\overline{\text{IOY0}}$,因此,8253 的地址为 1000H、1002H、1004H 和 1006H。

这里的 8253 的地址均为偶数地址,原因是 8086 的数据总线宽度为 16 位。8253 是一个 8 位芯片,只有 8 根数据线,因此只能使用 8086 的 16 位数据线中的低 8 位。由 11.3 节知,8086CPU 访问存储器或外设接口时,偶数地址对应的是数据总线的低 8 位,奇数地址对应的是数据总线的高 8 位。因此,8253 的 I/O 地址只能是偶数地址,原理图中 8253 的 A_1、A_0 引脚应与地址总线的 A_2、A_1 相连,地址总线的 A_0 不使用。

绘制电路原理图的步骤如下:

(1)图 14-1 中的 8086 模块直接使用实验 13.1 中已建立的 8086.DSN。方法是将 8086.DSN 复制一个副本,重命名为 lab3.DSN。双击 lab3.DSN 打开。

(2)单击工具栏上的"导入区域"按钮,导入 13.1 节中建立的 I/O 地址译码模块外框图 IOS_M.SEC,将其放置在合适的位置。

(3)在 I/O 地址译码模块框图上单击右键,在弹出的快捷菜单中选择"转到子页面"。

(4)如果子页面中没有出现 I/O 地址译码子电路,则单击工具栏上的"导入区域"按钮,导入 11.2 节中建立的 I/O 地址译码子电路模块 IOS_S.SEC,将其放置在合适的位置。

(5) 在子页面中,右键单击编辑窗口的空白处,在弹出的快捷菜单中选择"退出到父页面"。

(6) 绘制原理图中的 8253 电路和其他电路,完成后保存设计文件。

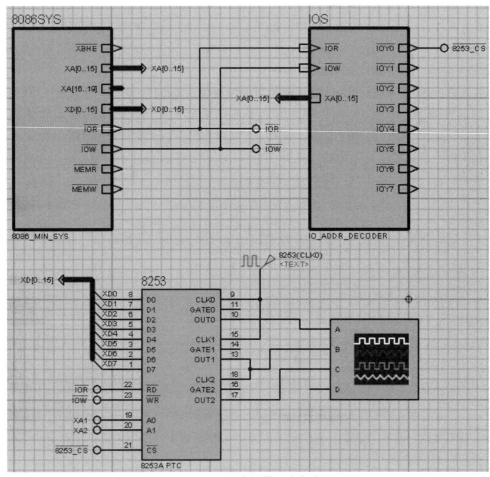

图 14-1　8253 定时计数器实验电路原理图

在图 14-1 中,还需要放置 8253 所需的 100kHz 时钟源和虚拟示波器。放置方法如下:

- 8253 时钟源:单击"激励源模式"按钮,在元器件选择窗口中选择"DCLOCK",将其放置在合适的位置上,然后将其连接到 8253 的 CLK_0 和 CLK_1 引脚。放置并连好线后,右键单击时钟源,在弹出的快捷菜单中选择"编辑属性",在属性编辑对话框中选中"频率(Hz)",然后在其右边的输入框中输入"100k",单击"确定"按钮,关闭对话框。

- 虚拟示波器:单击"虚拟仪器模式"按钮,在元器件选择窗口中选择"OSCILLOSCOPE"(示波器),将其放置在合适的位置上,然后将示波器的 A、B、C 三个输入端与 8253 的 OUT_0、OUT_1 和 OUT_2 引脚连接。

2. 编写控制程序

参考程序如下:

```
;===============================
set8253 macro counter,cw,n
        mov dx, 1006h                 ;设置工作方式
        mov al, cw
        out dx, al
        mov dx, counter              ;设置计数初值
        mov ax, n
        out dx, al
        mov al, ah
        out dx, al
        endm
.model small
.8086
.stack
.data
.code
.startup
set8253 1000h,00110110B,1000         ;设置通道 0
set8253 1002h,01110110B,10000        ;设置通道 1
set8253 1004h,10110110B,10           ;设置通道 2
jmp $                                ;程序在此处原地踏步,以便于观察输出波形
end
;===============================
```

输入完后,将源程序保存为 lab3.asm。

3. 设置编译环境

按表 14-2 设置 8086 模型属性。按 10.2.3 节内容设置编译环境。

表 14-2　设置 8086 模型的属性

属　　　　性	属　性　值
是否使用外部时钟(External Clock)	No
时钟频率(Clock Frequency)	1500KHz
内部存储器起始地址(Internal Memory Start Address)	0x00000
内部存储器容量(Internal Memory Size)	0x10000
程序载入段(Program Loading Segment)	0x0200
程序运行入口地址(BIN Entry Point)	0x02000
是否在 INT 3 处停止(Stop on Int3)	Yes

4. 编写源程序并仿真运行

按 10.2.3 节的介绍的方法添加源程序并进行编译。仿真运行,观察 8253 的输出波形。

14.1.6   实验习题

修改电路,通过一个开关控制波形的产生,按下开关时,8253 开始计数,开关弹起时停止计数(提示:用开关控制 8253 的 GATE 端)。

14.1.7   实验报告要求

(1) 将绘制的实验电路原理图的屏幕截图粘贴到实验报告中。
(2) 将仿真运行的屏幕截图粘贴到实验报告中。
(3) 给出实验源程序和实验习题的电路图。
(4) 在实验中碰到的主要问题是什么? 你是如何解决的?
(5) 写出实验小结、体会和收获。

14.2   可编程并行接口实验

14.2.1   实验目的

(1) 了解 8255 可编程并行接口芯片的工作原理。
(2) 掌握 8255 的应用。

14.2.2   预习要求

(1) 复习 8255 的工作原理和编程方法。
(2) 复习矩阵式键盘的按键识别方法。
(3) 预先编写好实验中的汇编语言源程序。

14.2.3   实验内容

用 8255 设计一个 4×4 矩阵键盘的接口,将按键的键值显示在 7 段数码管上。

14.2.4   实验预备知识

(1) 设置 8255 工作在方式 0,A 口用作 7 段数码管的接口,C 口用作矩阵式键盘的接口。
(2) 独立式按键的接口和识别比较简单,但键数较多时会占用较多的 I/O 端口资源,因此只适用于按键较少的应用场合。为减少 I/O 端口资源的占用,在实际应用中当按键多于 8 个时往往采用矩阵式键盘,但按键的识别要稍微复杂一些。

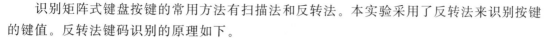

识别矩阵式键盘按键的常用方法有扫描法和反转法。本实验采用了反转法来识别按键的键值。反转法键码识别的原理如下。

① 设置从行线输出、从列线输入。

② 在行线上输出全 0,然后读入列线状态,如果是全 1,表示无按键按下。

③ 如果状态不是全 1,表示有按键按下,保存此状态。

④ 将行线、列线的输入输出方向反转,再从列线输出保存的状态,从行线读入。

⑤ 将步骤③保存的状态与步骤④保存的状态合并。

⑥ 用合并后的状态查表即可得出按键的键值(编码)。

14.2.5　实验操作指导

1. 设计电路原理图

实验电路原理图如图 14-2 所示。原理图中使用的元件清单见表 14-3(不包括 8086 模块和 I/O 地址译码模块中的元件)。

表 14-3　8255 并行接口实验元件清单

元 件 名 称	所 属 类	功 能 说 明
8255A	Microprocessor ICs	可编程并行接口
BUTTON	Switches & Relays	自弹起按键
7SEG-COM-CATHODE	Optoelectronics	7 段数码管(共阴极)
RES	Resistors	电阻

图 14-2 中 8255 的 $\overline{CS}$ 引脚连接到 I/O 地址译码模块的输出引脚 $\overline{IOY0}$,其内部 4 个端口地址为 1000H、1002H、1004H 和 1006H(与 8253 一样,8255 也是一个 8 位接口芯片,因此其地址也都为偶数)。

根据电路原理图中的连线方法,可得到按键与键值的对应关系,如表 14-4 所示。根据读到的键码查找相应的 7 段码的方法为:在程序中设置两个表:键码表和 7 段码表。用读取的键码搜索键码表,得到其索引值,然后用索引值到 7 段码表中读取相应的 7 段码。

表 14-4　按键与键值的对应关系表

键 　 值	键 　 码	7 段显示码(共阴极)
0	0111 1110(7EH)	3FH
1	0111 1101(7DH)	06H
2	0111 1011(7BH)	5BH
3	0111 0111(77H)	4FH
4	1011 1110(BEH)	66H
5	1011 1101(BDH)	6DH
6	1011 1011(BBH)	7DH
7	1011 0111(B7H)	07H

键　值	键　码	7 段显示码(共阴极)
8	1101 1110(DEH)	7FH
9	1101 1101(DDH)	6FH
A	1101 1011(DBH)	77H
B	1101 0111(D7H)	7CH
C	1110 1110(EEH)	39H
D	1110 1101(EDH)	5EH
E	1110 1011(EBH)	79H
F	1110 0111(E7H)	71H

绘制电路原理图的步骤如下。

(1) 图 14-2 中的 8086 模块直接使用 13.1 节中已建立的 8086.DSN。方法是将 8086.DSN 复制一个副本,重命名为 lab4.DSN。然后双击 lab4.DSN 在 ISIS 中打开它。

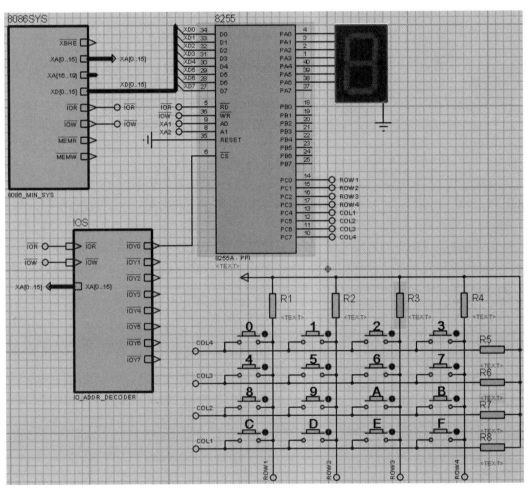

图 14-2　8255 并行接口实验电路原理图

（2）单击工具栏上的"导入区域"按钮，导入 13.1 节中建立的 I/O 地址译码模块外框图 IOS_M.SEC，将其放置在合适的位置。

（3）在 I/O 地址译码模块框图上单击右键，在弹出的快捷菜单中选择"转到子页面"。

（4）如果子页面中没有出现 I/O 地址译码子电路，则单击工具栏上的"导入区域"按钮，导入 13.1 节中建立的 I/O 地址译码子电路模块 IOS_S.SEC，将其放置在合适的位置。

（5）在子页面中，右键单击编辑窗口的空白处，在弹出的快捷菜单中选择"退出到父页面"。

（6）用上述同样的方法导入 4×4 小键盘模块电路图 KEYPAD.SEC。

（7）绘制原理图中的 8255 电路和其他电路，完成后保存设计文件。

2. 编写控制程序

参考程序如下：

```
pout macro port_addr, contents
    mov dx, port_addr
    mov al, contents
    out dx, al
    endm
getk macro port_addr, mask, target
    mov dx, port_addr
    in  al, dx                      ;读入键码
    and al, mask
    cmp al, mask                    ;有键按下?
    jz  target                      ;无键按下则转 target
    endm
.model small
.8086
.stack
.code
.startup
k0:
    pout 1006h, 81h                 ;设置 C 口高 4 位(行线)输出,低 4 位(列线)输入
k1:
    pout 1000h, dcode               ;显示键值
    pout 1004h, 0                   ;行线输出全 0
    getk 1004h, 0fh, k1             ;读取键码低 4 位,无按键则转 k1
    mov ah, al                      ;保存键码低 4 位
    pout 1006h, 88h                 ;设置 C 口高 4 位(行线)输入,低 4 位(列线)输出
    pout 1004h, ah                  ;键码低 4 位输出
    getk 1004h, 0f0h, k0            ;读取键码高 4 位,无按键(出错)则重新开始
    or  al, ah                      ;拼接得到 8 位键码
    mov si, 0                       ;键值索引
    mov cx, 16                      ;共 16 个键
k2:
    cmp al, kcode[si]               ;搜索键码
    jz  k3
    inc si
    loop k2
```

```
    jmp k0                              ;未找到则认为无键按下
k3:
    mov al, seg7[si]                    ;根据键码取 7 段码
    mov dcode, al                       ;保存键码的 7 段码用于显示
    jmp k0
.data
    kcode db 07eh,07dh,07bh,077h,0beh,0bdh,0bbh,0b7h
              0deh,0ddh,0dbh,0d7h,0eeh,0edh,0ebh,0e7h
    seg7  db 03fh,006h,05bh,04fh,066h,06dh,07dh,007h
              07fh,06fh,077h,07ch,039h,05eh,079h,071h
    dcode db 0                          ;用于存放待显示键码的缓冲区
end
;===================================
```

输入完后,将源程序保存为 lab4.asm。然后参照 14.1 节中的方法设置仿真实验环境、编译。最后进行仿真运行,单击 KEYPAD 上的按键观察 7 段数码管的显示。

14.2.6　实验习题

(1) 修改程序,使用扫描法确定键值。

(2) 修改电路,改用 8 位 7 段数码管显示按键键码。程序设计提示:设置一个能够存放 8 个键码的缓冲区队列,每得到一个键码,就将其加入队列尾部。队列溢出时,挤掉队列头部的键码。显示时将队列内容全部显示,显示完后再读键值。队列初值为全 0。注意,往 8 位 7 段数码管写入段码前应先关闭显示,即先输出全 1 的位码,然后输出段码,最后再输出正常的位码。

14.2.7　实验报告要求

(1) 将绘制的实验电路原理图的屏幕截图粘贴到实验报告中。

(2) 将仿真运行的屏幕截图粘贴到实验报告中。

(3) 给出实验源程序、程序流程图和实验习题的电路图。

(4) 在实验中遇到哪些主要问题? 是如何解决的?

(5) 写出实验小结、体会和收获。

14.3　直流电机控制

14.3.1　实验目的

(1) 了解控制直流电机的基本原理。

(2) 掌握控制直流电机转动的编程方法。

（3）了解 PWM 脉宽调制的原理。

14.3.2　预习要求

（1）预习 PWM 脉宽调制的原理。
（2）预先编写好实验中的汇编语言源程序。

14.3.3　实验内容

采用 8255 进行直流电机的转速和方向控制：其中 A 端口输出脉宽调制信号（PWM），对电机转速、方向进行控制，B 端口输入转速、方向调节按钮状态。

14.3.4　实验原理

（1）PWM 脉宽调制是直流电机调速的常用方法。PWM 的原理不是给直流电机提供一个直流电压，而是脉冲电压。

- PWM 脉冲的周期为定值。
- PWN 脉冲的每周期中，高电平时间和低电平时间成一定比例（称为占空比）。只要改变 PWM 脉冲的占空比，就可以实现直流电机的转速调节。例如，用占空比为 90% 和 50% 的 PWM 脉冲来驱动直流电机，前一种情况直流电机转速较快。
- PWM 脉冲的频率一般为 1kHz～200kHz，最低不能小于 10Hz。

（2）本实验中，8255 工作在方式 0，A 端口用作 PWM 脉冲输出（PWM 由软件实现），B 端口用于输入速度、方向控制按钮的状态。

14.3.5　实验操作指导

1. 实验电路设计

实验电路原理图如图 14-3 所示。原理图中使用的元件清单见表 14-5（不包括 8086 模块和 I/O 地址译码模块中的元件）。

表 14-5　直流电机控制实验元件清单

元 件 名 称	所 属 类	功 能 说 明
8255A	Microprocessor ICs	可编程并行接口
2SC2547	Transistors	NPN 晶体管
TIP31	Transistors	NPN 功率晶体管
TIP32	Transistors	PNP 功率晶体管
MOTOR-DC	Electromechanical	直流电机（有惯性和转矩）

续表

元件名称	所属类	功能说明
BUTTON	Switches & Relays	自弹起按键
RES	Resistors	电阻

根据电路原理图中的连线方法可知,8255 的地址为 1000H、1002H、1004H 和 1006H。绘制电路原理图如图 14-3 所示,步骤如下:

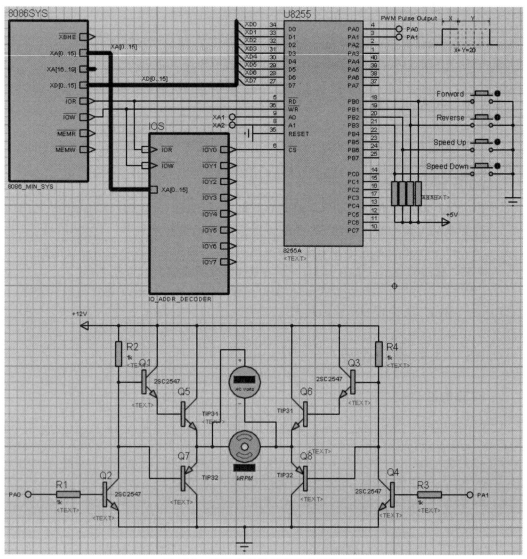

图 14-3　直流电机控制实验电路原理图

(1) 图 14-3 中的 8086 模块直接使用 13.1 节中已建立的 8086.DSN。方法是将 8086.DSN 复制一个副本,重命名为 lab7.DSN。然后双击 lab7.DSN 在 ISIS 中打开。

(2) 单击工具栏上的"导入区域"按钮,导入 13.1 节中建立的 I/O 地址译码模块外框图

IOS_M.SEC,将其放置在合适的位置。

（3）在 I/O 地址译码模块框图上单击右键,在弹出的快捷菜单中选择"转到子页面"。

（4）如果子页面中没有出现 I/O 地址译码子电路,则单击工具栏上的"导入区域"按钮,导入 13.1 节中建立的 I/O 地址译码电路模块 IOS_S.SEC,将其放置在合适的位置。

（5）在子页面中,右键单击编辑窗口的空白处,在弹出的快捷菜单中选择"退出到父页面"。

（6）用上述同样的方法导入直流电机驱动电路 MOTOR_DRV.SEC 和按键组电路 BUTTON_PACK.SEC。

（7）绘制原理图中的 8255 电路,并完成各部件之间的连线和元件标签的标注。

（8）设置直流电机的属性:

- "Zero Load RPM"设置为 10000。
- "Load/Max Torque%"设置为 1。
- "Effective Mass"设置为 5e−10。

（9）为观察 PWM 脉冲波形,可在 8255 的 PA0 和 PA1 端放置虚拟示波器。

（10）完成后保存设计文件。

2. 程序编写

参考程序如下:

```
i8255ct = 1006h
i8255pa = 1000h
i8255pb = 1002h
outp macro num
    mov  dx, i8255pa
    mov  al, num
    out  dx, al
    endm
rotc macro mask, which
    mov  dx, i8255pb
    in   al, dx
    test al, mask
    je   which
    endm
rots macro
    local rs1,rs2,kup1,kup2
    mov  dx, i8255pb
    in   al, dx
    test al, 4                  ;Speed Up 键按下
    jnz  rs1
kup1:in  al, dx                 ;等待 Speed Up 键弹起
    test al, 4
    jz   kup1
    cmp  dtime1,19              ;最大占空比为 0.95
    jz   rs1
    inc  dtime1                 ;PWM 调节: x+1/y-1
    dec  dtime2                 ;x,y 分别为每周期中高、低电平宽度
```

```
        jmp   rs2
rs1: test al, 8                        ;Speed Down 键按下
        jnz   rs2
kup2:in   al, dx                       ;等待 Speed Down 键弹起
        test al, 8
        jz    kup2
        cmp   dtime2,19                ;最小占空比为 0.05
        jz    rs2
        dec   dtime1                   ;PWM 调节: x-1/y+1
        inc   dtime2
rs2:
        endm
delay macro times
        mov   cx, times
        loop $
        endm
.model small
.8086
.stack
.code
.startup
        mov   al, 82h                  ;初始化 8255:方式 0,A 出,B 入
        mov   dx, i8255ct
        out   dx, al
fwrd:                                  ;顺时针
        outp 0feh
        delay dtime1                   ;激励时间长度(x)
        rotc 2,revs                    ;调节方向
        rots                           ;调节速度
        outp 0ffh
        delay dtime2                   ;无激励时间长度(y)
        jmp   fwrd
revs:                                  ;逆时针
        outp 0fdh
        delay dtime1                   ;激励时间长度(x)
        rotc 1,fwrd                    ;调节方向
        rots                           ;调节速度
        outp 0ffh
        delay dtime2                   ;无激励时间长度(y)
        jmp   revs
.data
        dtime1 dw 10                   ;x 初值(高电平宽度。注意:x+y=定值)
        dtime2 dw 10                   ;y 初值(低电平宽度)
end
;===============================
```

输入完后，将源程序保存为 lab7.asm。

3. 设置仿真环境

同 12.2.3 节。

4. 编译

按 12.1.3 节的介绍的方法添加源程序并进行编译。

5. 仿真运行

单击各控制按键，观察 PWM 波形、直流电机的转动方向和速度。

14.3.6　实验习题

修改电路和程序，使 PWM 脉冲频率可以调节。（选做）

14.3.7　实验报告要求

（1）将绘制的实验电路原理图的屏幕截图粘贴到实验报告中。
（2）将仿真运行的屏幕截图粘贴到实验报告中。
（3）给出实验源程序和流程图；给出实验习题的电路原理图、源程序和仿真运行截图。
（4）在实验中碰到的主要问题是什么？你是如何解决的？
（5）写出实验小结、体会和收获。

14.4　可编程并行接口典型设计案例

案例名称：竞赛抢答器设计。

14.4.1　设计目标

（1）了解计算机控制竞赛抢答器的基本原理。
（2）进一步理解并行接口的工作原理，掌握并行接口的应用。

14.4.2　案例涉及的知识点和技能点

并行接口的特点和工作原理，并行接口芯片的应用，汇编语言程序设计。

14.4.3　设计任务

(1) 利用可编程并行接口 8255 实现竞赛抢答器模拟。用逻辑电平开关 $K_0 \sim K_7$ 分别代表竞赛抢答按钮 0~7 号,当某个开关闭合(置"1")时,相当于该抢答按钮按下。

(2) 利用 7 段数码管显示当前抢答按钮的编号,同时驱动发声器发出一下响声。

(3) 当在键盘上有空格键按下时开始下一轮抢答,在有其他键按下时退出程序。

(4) 设计硬件线路图,并编写完成上述功能的程序。

14.4.4　任务分析

设计案例的硬件线路示意图如图 14-4 所示。用 8255 的 B 端口连接开关 $K_0 \sim K_7$,A 端口连接 7 段数码管。

读取 B 端口数据,若为 0 表示无人抢答;若不为 0 则表示有人抢答。通过判断读取的数据,可以分析出抢答者的编号,将其转换为相应的 7 段码编码后输出显示。

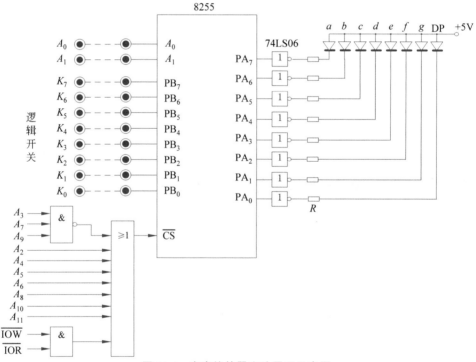

图 14-4　竞赛抢答器实验原理示意图

14.4.5　参考方案

程序控制流程如图 14-5 所示。实验参考程序代码如下:

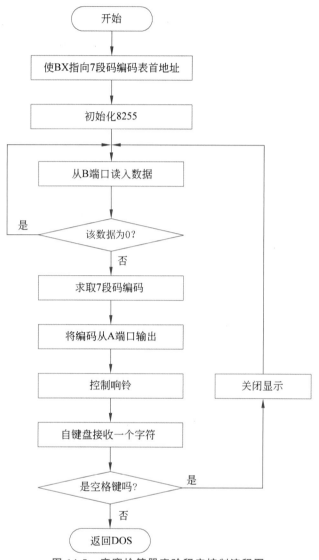

图 14-5　竞赛抢答器实验程序控制流程图

```
DSEG SEGMENT
    SEG7 DB 3FH,06H,5BH,4FH,66H,6DH,7DH,07H
DSEG ENDS
CSEG SEGMENT
    ASSUME CS:CSEG,DS:DSEG
START:  MOV AX,DSEG
        MOV DS,AX
        MOV DX,28BH
        MOV AL,89H
        OUT DX,AL
        LEA BX,SEG7
   L1:  MOV DX,289H                    ;从 8255 的 B 端口输入数据
        IN AL,DX
```

```
            OR AL,AL
            JE L1                    ;若输入为 0,表示无开关按下,转向 L1
            MOV CL,0FFH              ;CL 作为计数器,初值为 - 1
    L2:     SHR AL,1
            INC CL
            JNC L2
            MOV AL,CL
            XLAT
            MOV DX,288H
            OUT DX,AL
            MOV DL,7                 ;控制响铃
            MOV AH,2
            INT 21H
    L3:     MOV AH,1                 ;从键盘接收字符
            INT 21H
            CMP AL,20H               ;若不为空格键转 STOP
            JNE STOP
            MOV AL,0                 ;若为空格键则输出 0,使灯灭
            MOV DX,288H
            OUT DX,AL
            JMP L1
    STOP:   MOV AH,4CH
            INT 21H
    CSEG ENDS
         END START
```

第 15 章　模拟接口与综合控制系统设计

本章在模/数转换器和数/模转换器两种模拟接口实验基础上,设计了具有一定综合性的数字温度计设计实验,并提供了一个模拟接口的典型设计案例。

15.1　ADC0808 模/数转换实验

15.1.1　实验目的

了解模/数转换的原理,掌握 ADC0808 芯片的应用及其接口电路的设计。

15.1.2　预习要求

(1) 复习数模转换的原理,ADC0808 的应用和数据采集方法。
(2) 事先编写实验中的汇编语言源程序。

15.1.3　实验内容

用 ADC0808 设计一个 3 位数字电压表,测量范围为 0~5V,测量精度精确到小数点后 2 位。

15.1.4　实验预备知识

ADC0808 与 ADC0809 类似,都是具有 8 个模拟输入的逐次逼近型 8 位 A/D 转换芯片。实验中使用 ADC0808 连续检测可变电阻两端的电压值,将采集到的电压值显示在 7 段数码管上,同时使用 ISIS 提供的虚拟电压表测量该电压值,以进行对比。

本实验使用 8255 作为 4 位 7 段数码管的接口。8255 的 B 端口用来输出段码,C 端口的高 4 位用来选择当前显示的位。

15.1.5　实验操作指导

1. 设计实验原理图

实验电路原理图如图 15-1 所示。原理图中使用的元件清单见表 15-1(不包括 8086 模块和 I/O 地址译码模块中的元件)。

表 15-1 ADC0808 模/数转换实验元件清单

元 件 名 称	所 属 类	功 能 说 明
ADC0808	Data Converters	8 通道 8 位 A/D 转换器
8255A	Microprocessor ICs	可编程并行接口
NOR_2	Modeling Primitives	2 输入或门
POT-HG	Resistors	可变电阻器
7SEG-MPX4-CC-BLUE	Optoelectronics	4 位 7 段数码管(共阴极)

图 15-1 所示的电路原理图中主要器件的连接说明如下。

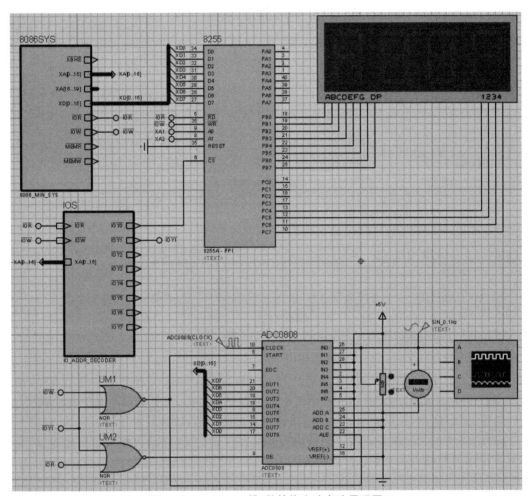

图 15-1 ADC0808 模/数转换实验电路原理图

ADC0808 的输入时钟脉冲使用 ISIS 内置的数字脉冲激励源,频率为 100kHz。

待测模拟量从 ADC0808 模拟通道 0(IN0)输入,可将通道地址引脚直接接地。程序采用软件延时方式读取转换结果,因此 EOC 引脚不需要连接。模拟输入信号引自可变电阻的滑动端,变化范围为 0～5V。如果要检测电路对连续变化信号的处理能力,在模拟输入端上还可以叠加一个正弦激励信号。模拟输入端上连接的虚拟电压表用来作为对比使用。I/O 地址译码模块的输出引脚 IOY1 作为 ADC0808 的启动地址(配合以 IOW 信号)和读出地址(配合以 IOR 信号),因此 ADC0808 的地址为 1010H。

　　8255 作为 4 位 7 段数码管的接口。B 端口用来输出段码,C 端口的高 4 位用来选择当前显示的位。I/O 地址译码模块的输出引脚 IOY0 作为 8255 的片选信号,因此 8255 的地址为 1000H、1002H、1004H 和 1006H。

　　绘制电路原理图的步骤如下:

　　(1) 图 15-1 中的 8086 模块直接使用 13.1 节中已建立的 8086.DSN。方法是将 8086.DSN 复制一个副本,重命名为 lab5.DSN。双击 lab5.DSN 打开。

　　(2) 单击工具栏上的"导入区域"按钮,导入 13.1 节中建立的 I/O 地址译码模块外框图 IOS_M.SEC,将其放置在合适的位置。

　　(3) 在 I/O 地址译码模块框图上单击右键,在弹出的快捷菜单中选择"转到子页面"。

　　(4) 如果子页面中没有出现 I/O 地址译码子电路,则单击工具栏上的"导入区域"按钮,导入 13.1 节中建立的 I/O 地址译码子电路模块 IOS_S.SEC,将其放置在合适的位置。

　　(5) 在子页面中,右键单击编辑窗口中的空白处,在弹出的快捷菜单中选择"退出到父页面"。

　　(6) 绘制原理图中的 8255、显示屏、ADC0808 等其他电路,完成后保存设计文件。

　　(7) 放置数字时钟源并将其频率设置为 100kHz,放置方法见 14.1 节。连接数字时钟源到 ADC0809 的时钟输入端。

　　(8) 放置虚拟直流电压表并连接到 ADC0809 的模拟输入端,放置方法与 14.1 节的模拟示波器类似(选择 DC VOLTMETER)。

2. 编写控制程序

参考程序如下:

```
;=============================
I8255_b  = 1002h
I8255_c  = 1004h
I8255_ct = 1006h
adc0808  = 1010h
inte     = 11011111b          ;个位
fra1     = 10111111b          ;十分位
fra2     = 01111111b          ;百分位
with_dot = 80h
no_dot   = 00h
clear macro                   ;清屏
   mov  dx,I8255_c
   mov  al,0ffH
   out  dx,al
   endm
disp macro dot,location       ;显示 AL 中的内容(7 段码)
   or   al, dot               ;整数位后是否显示小数点
```

```
        mov  dx, I8255_b
        out  dx, al
        mov  al, location
        mov  dx, I8255_c
        out  dx, al
        endm
bin2seg7 macro num              ;将 num 转换为 7 段码(结果在 al 中)
        mov  al, num
        lea  bx, seg7
        xlat
        endm
.model small
.8086
.stack
.code
.startup
        mov  dx, I8255_ct       ;初始化 8255
        mov  al, 80h
        out  dx, al
        lea  si, ddata
forever:
        mov  dx, adc0808        ;启动 A/D 转换
        out  dx, al
        mov  cx, 10             ;显示采样比=10(每轮显示 10 次采样 1 次)
display:
        clear                   ;显示个位
        bin2seg7 [si]
        disp with_dot,inte
        clear                   ;显示十分位
        bin2seg7 [si+1]
        disp no_dot,fra1
        clear                   ;显示百分位
bin2seg7 [si+2]
        disp no_dot,fra2
        loop display
        mov  ax, 0
        mov  dx, adc0808        ;采样值 x->al
        in   al, dx
        ;电压值 = x/51 = x0.x1x2/51 = [x0/51] + [0.x1/5.1] + [0.0x2/0.51]
        cwd
        mov  cx, 51             ;计算个位=x/51
        div  cx
        mov  [si], al
        mov  ax, dx
        mov  bx, 10             ;计算十分位=(余数 * 10)/51
        mul  bx
        div  cx
        mov  [si+1],al
        mov  ax, dx            ;计算百分位=余数/5
        mov  bl, 5
```

```
    div  bl
    mov  [si+2],al
    jmp  forever
.data
    seg7 db 3fh,06h,5bh,4fh,66h,6dh,7dh,07h,7fh,6fh,77h,7ch,39h,5eh,79h,71h
    ddata db 0,0,0
end
;==============================
```

输入完后,将源程序保存为 lab5.asm。

3. 设置编译环境

按表 15-2 设置 8086 模型属性。按 10.2.3 节内容设置编译环境。

表 15-2　设置 8086 模型的属性

属　　性	属　性　值
是否使用外部时钟(External Clock)	No
时钟频率(Clock Frequency)	2000kHz
内部存储器起始地址(Internal Memory Start Address)	0x00000
内部存储器容量(Internal Memory Size)	0x10000
程序载入段(Program Loading Segment)	0x0200
程序运行入口地址(BIN Entry Point)	0x02000
是否在 INT 3 处停止(Stop on Int3)	Yes

4. 编译及运行

上述过程完成后,与前文所述方法相同,进行源程序的编译和仿真运行。

(1) 调节可变电阻器,观察数码管上的显示和模拟电压表的显示。

(2) 在模拟输入端加上一个正弦波激励源(频率 0.1Hz),再重新仿真运行,观察结果。

15.1.6　实验习题

(1) 修改程序,使测量精度为小数点后 3 位。

(2) 修改电路和程序,增加一个红色发光二极管和一个黄色发光二极管,当输入电压大于 4V 时点亮红色发光二极管,当输入电压小于 1V 时点亮黄色发光二极管。

(3) 修改电路和程序,增加条形发光二极管组(LED-BARGRAPH),使条形发光二极管组的点亮个数随输入电压的变化而变化。

(4) 修改电路和程序,使用 ADC0808 的 EOC 信号决定读取数据的时刻(可以查询 EOC 状态,也可以用 EOC 作为非屏蔽中断 NMI 请求信号)。

15.1.7 实验报告要求

（1）将绘制的实验电路原理图的屏幕截图粘贴到实验报告中。

（2）将仿真运行的屏幕截图粘贴到实验报告中。

（3）给出实验源程序。

（4）给出实验习题的电路原理图、源程序和仿真运行的屏幕截图。

（5）你在实验中遇到了哪些主要问题？如何解决？

（6）写出实验小结、体会和收获。

15.2 DAC0832 数/模转换实验

15.2.1 实验目的

（1）了解数/模转换的原理,掌握 DAC0832 芯片的应用及其接口电路的设计。

（2）掌握使用计算机产生常用波形的方法。

15.2.2 预习要求

（1）复习数/模转换的原理和 DAC0832 的应用方法。

（2）事先编写实验中的汇编语言源程序。

15.2.3 实验内容

利用 DAC0832 设计一个信号发生器,要求能够产生固定频率、固定幅度的方波、锯齿波和三角波。

15.2.4 实验预备知识

1. 模拟信号的产生

利用 D/A 转换器 DAC0832 将 8 位数字量转换成模拟量输出。数字量输入的范围为 0～255 时,对应的模拟量输出的范围为 -VREF～+VREF。根据这一特性,可以在程序中输出按某种规律变化的数字量,即可以在 DAC0832 的输出端产生模拟波形。

例如,要产生幅度为 0～5V 的锯齿波,只要将 DAC0832 的 -VREF 接地,+VREF 接 +5V,8086 首先输出 00H,再输出 01H、02H,直到输出 FFH,再输出 00H,以此循环。这样在 DAC0832 的 V_{out} 端就可以产生在 0～5V 变化的锯齿波。

2. 信号频率控制

若要调节信号的频率,只需改变输出的两个数据之间的延时即可。调整延时时间,即可调整输出信号的频率。

3. 波形切换

利用 DIP 开关来选择波形,并通过 LED 指示。

4. 信号幅度控制

DAC0832 的模拟量输出范围为-VREF~+VREF。所以,只要调节 VREF 即可达到调节波形幅度的目的。

15.2.5　实验操作指导

1. 设计实验原理图

实验电路原理图如图 15-2 所示。原理图中使用的元件清单见表 15-3(不包括 8086 模块和 I/O 地址译码模块中的元件)。

表 15-3　DAC0832 模/数转换实验元件清单

元 件 名 称	所 属 类	功 能 说 明
DAC0832	Data Converters	8 位 D/A 转换器
74LS244	TTL 74 series	8 位三态总线缓冲/驱动器
1458	Operational Amplifier	运算放大器
RES	Resistors	电阻(1kΩ)
LED	Optoelectronics	发光二极管(红色)
SW-ROT-3	Switches & Relays	单刀三掷选择开关

电路原理图中主要器件的连接说明如下。

DAC0832 采用单缓冲方式,且将控制引脚 ILE 固定接+5V 电源,WR2 和 XFER 固定接地,只使用 CS 和 WR1 进行单缓冲写入控制。

电路原理图中的运算放大器按双极性输出连接,输出电压范围为-5~+5V。

波形选择使用了一个单刀三掷波段开关,按图示连接,三种波形对应的二进制编码分别为三角波 001,锯齿波 010,方波 100。

I/O 地址译码模块的输出引脚 IOY0 作为 DAC0832 的写入地址(配合以 IOW 信号),因此 DAC0832 的地址为 1000H。I/O 地址译码模块的输出引脚 IOY1 作为 74LS244 的允许信号,因此 74LS244 的地址为 1010H。

绘制电路原理图的步骤如下。

(1)电路原理图中的 8086 模块直接使用 13.1 节中已建立的 8086.DSN。方法是将

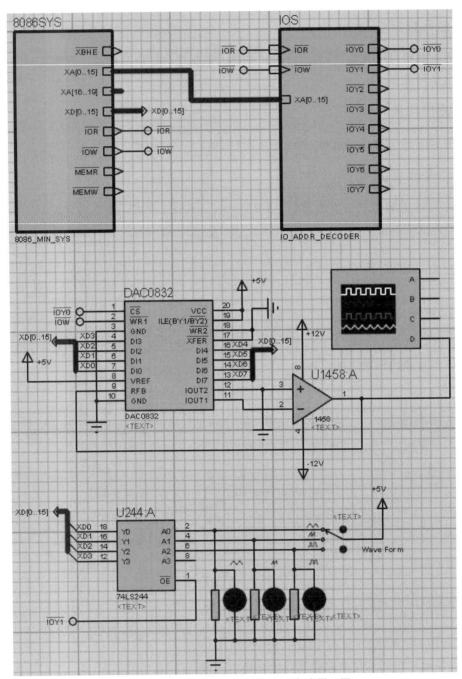

图 15-2　DAC0832 数/模转换实验电路原理图

8086.DSN 复制一个副本,重命名为 lab6.DSN。双击 lab6.DSN 打开。

(2) 单击工具栏上的"导入区域"按钮,导入 13.1.5 节中建立的 I/O 地址译码模块外框图 IOS_M.SEC,将其放置在合适的位置。

(3) 在 I/O 地址译码模块框图上右击,在弹出的快捷菜单中选择"转到子页面"。

(4) 如果子页面中没有出现 I/O 地址译码子电路,则单击工具栏上的"导入区域"按钮,导入 13.1.5 节中建立的 I/O 地址译码子电路模块 IOS_S.SEC,将其放置在合适的位置。

（5）在子页面中，右击编辑窗口的空白处，在弹出的快捷菜单中选择"退出到父页面"。

（6）绘制原理图中的 DAC0832 及其附属电路、74LS244 及其附属电路，完成后保存设计文件。

（7）放置模拟示波器，放置方法见 14.1.5 节。

2. 编写程序

参考程序如下：

```
;================================
change  macro where          ;用于在每个波形周期中检测波形选择开关
    push dx
    mov  dx, 1010h
    in   al, dx              ;读波形选择开关
    pop  dx
    and  al, 07h
    cmp  al, cwave           ;波形要改变否?
    jz   where               ;若不改变则继续本波形
    mov  cwave, al           ;否则保存波形
    jmp  m1                  ;转 m1 判断输出哪种波形
    endm
.model small
.8086
.stack
.code
.startup
main:   mov  cvalue, 0       ;波形初值
        mov  dx, 1010h
        in   al, dx
        and  al, 07h
        mov  cwave, al       ;保存所选波形
m1:     cmp  al, 1           ;选择三角波?
        jnz  m2
        jmp  tri
m2:     cmp  al, 2           ;选择锯齿波?
        jnz  m4
        jmp  saw
m4:     cmp  al, 4           ;选择方波?
        jnz  main
        jmp  sqr
;========锯齿波========;
saw:    mov  dx, 1000h
saw1:   mov  al, cvalue
        out  dx, al
```

```
        dec  cvalue
        call delay
        change saw1              ;检测波形选择开关
        jmp  saw1
;========三角波=========;
tri:    mov  dx, 1000h
tri1:   mov  al, cvalue
        out  dx, al
        call delay
        change tri2              ;检测波形选择开关
tri2:   inc  cvalue
        jnz  tri1
        dec  cvalue
tri3:   mov  al, cvalue
        out  dx, al
        call delay
        change tri4              ;检测波形选择开关
tri4:   dec  cvalue
        jnz  tri3
        jmp  tri1
;========方波=========;
sqr:    mov  dx, 1000h
sqr1:   mov  al, cvalue
        out  dx, al
        not  cvalue
        mov  cx, 256
sqr2:   call delay
        loop sqr2
        change sqr1              ;检测波形选择开关
        jmp  sqr1
;=======================
delay:  push cx
        mov  cx, dvalue
        loop $
        pop  cx
        ret
 .data
   cvalue db  0                  ;当前输出值
   cwave  db  1                  ;当前输出波形
   dvalue db  2                  ;当前延时参数
 end
 ;===============================
```

输入完后,将源程序保存为 lab6.asm。

3. 设置编译环境

按表 15-4 设置 8086 模型属性。按 11.1 节内容设置编译环境。

表 15-4 设置 8086 模型的属性

属 性	属性值
是否使用外部时钟(External Clock)	No
时钟频率(Clock Frequency)	2000kHz
内部存储器起始地址(Internal Memory Start Address)	0x00000
内部存储器容量(Internal Memory Size)	0x10000
程序载入段(Program Loading Segment)	0x0200
程序运行入口地址(BIN Entry Point)	0x02000
是否在 INT 3 处停止(Stop on Int3)	Yes

4. 添加源程序并仿真运行

按 10.2.3 节的介绍的方法添加源程序并进行编译。

仿真运行,观察模拟示波器的波形显示。改变波段开关的位置(单击其上、下方的小圆点)观察波形变化。

15.2.6 实验习题

修改程序:

(1) 使产生的波形频率和幅度可调(参考下属方法)。

调节波形频率:增加 4 个开关和一个 74LS244,4 个开关分别选择 4 种频率,在程序中读入开关状态,根据开关修改程序中的 dvalue 变量值。

调节波形幅度:修改 DAC0832 的 VREF 引脚的连接,增加一个可变电阻器,两个固定连接段分别接+5V 和地线,把 DAC0832 的 VREF 引脚改接到可变电阻器的中间抽头上。仿真时,调节可变电阻器即可改变波形的幅度。

(2) 能够产生正弦波波形(可将正弦值预先存入一个表中,程序从表中顺序读出正弦值输出到 DAC8253 即可)。

15.2.7 实验报告要求

(1) 将绘制的实验电路原理图的屏幕截图粘贴到实验报告中。
(2) 将仿真运行的屏幕截图粘贴到实验报告中。
(3) 给出实验源程序和程序流程图。
(4) 给出实验习题的电路原理图、流程图、源程序和仿真运行的屏幕截图。
(5) 在实验中遇到的主要问题是什么?你是如何解决的?
(6) 写出实验小结、体会和收获。

15.3　数字温度计实验

15.3.1　实验目的

（1）了解温度检测的基本原理。
（2）掌握温度传感器的使用和编程方法。

15.3.2　预习要求

（1）预习温度传感器 DS18B20 的工作原理、使用和编程方法。
（2）预先编写好实验中的汇编语言源程序。

15.3.3　实验内容

使用温度传感器 DS18B20 设计一个数字温度计,测温范围为－55℃～125℃。用一个 4 位 7 段数码管显示温度值,用红色 LED 指示加热状态,用绿色 LED 指示保温状态。当温度低于 100℃时处于加温状态,到达 100℃时进入保温状态,再降到 80℃时重新进入加热状态。

采用 8255 作为温度传感器 DS18B20 的接口,其中 B 端口和 C 端口高四位用于连接 7 段数码管。PC_0 引脚用于连接温度传感器 DS18B20。PA_0 和 PA_1 用于连接加热和保温状态指示灯。

15.3.4　实验预备知识

本实验使用的温度传感器采用 DALLAS 公司生产的 DS18B20。它是一个单线数字温度传感器芯片,可直接将被测温度转化为串行数字信号。信息通过单线 BUS 接口实现输入输出,因此微处理器与 DS18B20 仅需连接一条信号线。通过编程,DS18B20 可以实现 9～12 位精度的温度读数。

DS18B20 有 3 个引脚:

DQ:单线 BUS,用于数据输入输出。

Vcc:电源。

GND:地线。

DS18B20 温度测量电路的基本形式如图 15-3 所示。

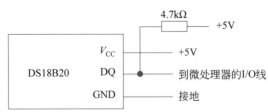

图 15-3　DS18B20 温度测量电路

DS18B20 温度分辨率可通过编程配置,默认为 12 位,如表 15-5 所示。

表 15-5　DS18B20 温度分辨率

分辨率/位	最大转换时间/ms	温度分辨率/℃
9	93.75	0.5
10	187.5	0.25
11	375	0.125
12(默认)	750	0.0625

从 DS18B20 读出的数据共 16 位,包含符号位和温度值,数据表示为补码。12 位分辨率时的格式如下:

低字节:

MSB							LSB
2^3	2^2	2^1	2^0	2^{-1}	2^{-2}	2^{-3}	2^{-4}

高字节:

MSB							LSB
S	S	S	S	S	2^6	2^5	2^4

其中:S 为符号位,共 5 位。当符号位为 11111 时,温度为负值。

其他分辨率时,无意义的位为 0。例如,9 位分辨率时,2^{-2}、2^{-3}、2^{-4} 位均为 0。

DS18B20 默认配置为 12 位分辨率。微处理器读回 16 位温度信息后首先判断正负,高 5 位为 1 时,读取的温度为负数,对数据求补即可得到温度绝对值;当前 5 位为 0 时,读取的温度为正数。

基于 DS18B20(以下简称 DS)的数字温度计基本工作流程如下:

(1) 复位 DS。

(2) 写 CCH 到 DS——跳过 ROM。

(3) 写 44H 到 DS——启动转换。

(4) 复位 DS18B20。

(5) 写 CCH 到 DS——跳过 ROM。

(6) 写 BEH 到 DS——读数据。

(7) 从 DS 读回温度低字节。

(8) 从 DS 读回温度高字节。

(9) 如果高字节的最高 5 位=11111,则设置负号标志,并对数据求补。

(10) 将温度值转换为十进制存入显示缓冲区。

(11) 上下限处理。

(12) 显示温度。

(13) 转 1(永久循环)。

对 DS18B20 更进一步的了解请参阅 DS18B20 数据表(Datasheet)和相关的应用资料,此处不再赘述。

本实验采用 8255 作为温度传感器 DS18B20 和显示器件的接口:8255 工作在方式 0,B

端口和 C 端口高 4 位用于连接 7 段数码管。PC_0 引脚作为单线总线传输线,连接到温度传感器 DS18B20 的 DQ 引脚。A 端口用于连接加热/保温指示灯和错误指示灯。

15.3.5 实验操作指导

1. 实验电路原理图

实验电路原理图如图 15-4 所示。原理图中使用的元件清单见表 15-6(不包括 8086 模块和 I/O 地址译码模块中的元件)。

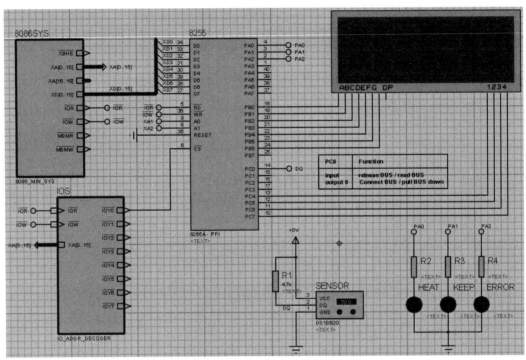

图 15-4 数字温度计实验电路原理图

表 15-6 数字温度计实验元件清单

元 件 名 称	所 属 类	功 能 说 明
8255A	Microprocessor ICs	可编程并行接口
7SEG-MPX4-CA-BLUE	Optoelectronics	4 位 7 段数码管
DS18B20	Data Convertors	温度传感器
LED-RED	Optoelectronics	发光二极管(红色)
LED-GREEN	Optoelectronics	发光二极管(绿色)
RES	Resistors	电阻

电路原理图中 8255 的地址为 1000H、1002H、1004H、1006H。绘制电路原理图的步骤如下。

（1）电路原理图中的 8086 模块直接使用 13.1 节中已建立的 8086.DSN。方法是将 8086.DSN 复制一个副本，重命名为 lab8.DSN。然后双击 lab8.DSN 在 ISIS 中打开。

（2）单击工具栏上的"导入区域"按钮，导入 13.1 节中建立的 I/O 地址译码模块外框图 IOS_M.SEC，将其放置在合适的位置。

（3）在 I/O 地址译码模块框图上右击，在弹出的快捷菜单中选择"转到子页面"。

（4）如果子页面中没有出现 I/O 地址译码子电路，则单击工具栏上的"导入区域"按钮，导入 13.1 节中建立的 I/O 地址译码子模块电路 IOS_S.SEC，将其放置在合适的位置。

（5）在子页面中，右击编辑窗口的空白处，在弹出的快捷菜单中选择"退出到父页面"。

（6）放置 8255、4 位 7 段数码管、温度传感器和指示灯等电路，并完成各部件之间的连线和元件标签的标注。

（7）完成后保存设计文件。

2. 程序编写

参考程序如下：

```
;================================================
I8255_a  = 1000h
I8255_b  = 1002h
I8255_c  = 1004h
I8255_ct = 1006h
loc4     = 01111111b        ;符号位(数码管)
loc3     = 10111111b        ;百位(数码管)
loc2     = 11011111b        ;十位(数码管)
loc1     = 11101111b        ;个位(数码管)
with_dot = 80h              ;本位要附加显示小数点
no_dot   = 00h              ;本位不附加显示小数点
TH       = 100              ;温度上限(停止加热)
TL       = 80               ;温度下限(启动加热)
;================================================
clear  macro                ;清显示
       mov dx,I8255_c
       mov al,0ffH
       out dx,al
       endm
bin2seg7 macro num          ;num 转换为 7 段码(结果在 al 中)
       mov al, num
       lea bx, seg7
       xlat
       endm
disp   macro dot,location   ;显示 AL 中的内容(7 段码)
       or  al, dot          ;本位是否附加显示小数点
       mov dx, I8255_b
       out dx, al
       mov al, location
```

```
        mov dx, I8255_c
        out dx, al
        endm
addc    macro target,dgt        ;一位 BCD 加法,带进位
        mov  al, dgt
        adc  al, target
        aaa
        mov  target, al
        endm
wrtcmd  macro command           ;向 DS18B20 写控制命令
        mov  bl, command
        call write_cmd
        endm
readt   macro loca              ;从 DS18B20 读回数据
        call read_tmp
        mov  loca, bl
        endm
thres   macro                   ;温度上下限处理
        push ax
        cmp  ax, TH
        jae  above              ;到达上限
        cmp  ax, TL
        jbe  below              ;到达下限
        jmp  thres1
above:  and  istat, 0fch        ;到达上限:保温灯亮,加热灯灭
        or   istat, 2
        jmp  thres1
below:  and  istat, 0fch        ;到达下限:加热灯亮,保温灯灭
        or   istat, 1
thres1: mov  al, istat
        mov  dx, I8255_a
        out  dx, al
        pop  ax
        endm
DQ_hi   macro                   ;释放总线,使总线被拉高
        ;设置 C 端口低 4 位输入,使 PC0 能够输入来自 DS18B20 的数据
        mov dx, I8255_ct
        mov al, 81h             ;C 端口低 4 位设置为输入,其他不变
        out dx, al
        endm
DQ_low  macro                   ;连接总线并拉低总线
        ;设置 C 端口低 4 位输出,并拉低 PC0(初始化位传输)
        mov dx, I8255_ct
        mov al, 80h             ;C 端口低 4 位输出,其他不变
        out dx, al
        mov al, 0
        out dx, al             ;拉低 PC0,初始化位传输
        endm
delay   macro N                 ;延迟(8.5N+5.5)μs(8086@3MHz)
        ;若需延时 T 微秒,则 N=(T-5.5)/8.5
```

```
        push  cx              ;5.5µs
        mov   cx, N           ;2µs
        loop  $               ;(8.5N−6)µs
        pop   cx              ;4µs
        endm
delay10us macro               ;延时 10µs(实际上为 9µs)
        nop                   ; 1.5µs×6
        nop
        nop
        nop
        nop
        nop
        endm
;==================以上为常数和宏过程定义======================
.model small
.8086
.stack
.code
.startup
        mov dx, I8255_ct      ;初始化 8255
        mov al, 81h           ;方式 0,A、B 端口出,CH 出,CL 入
        out dx, al
        lea si, tdata
forever:
;=======读入温度值=========================================
    call init                 ;复位温度传感器
        cmp  stat,0
        jz   ok
        or   istat, 4         ;出错则点亮错误指示灯
        mov  dx,i8255_a
        mov  al,istat
        out  dx,al
        jmp  forever
ok:     wrtcmd 0cch           ;写命令:跳过 ROM
        wrtcmd 044h           ;写命令:启动转换
        call init             ;复位温度传感器
        wrtcmd 0cch           ;写命令:跳过 ROM
        wrtcmd 0beh           ;写命令:读数据
        readt rdata           ;读低字节保存
        readt rdata+1         ;读高字节保存
;======温度值转换======
        MOV  SIGN, 0
        MOV  AL, RDATA        ;采样值->AX
        MOV  AH, RDATA+1
        TEST AX, 0F800H       ;温度是否为负值?
        JZ   NOSIGN
        MOV  SIGN, 40H        ;显示负号(负号的 7 段码=40H)
        NEG  AX               ;数值求补,得到真值
NOSIGN:
        MOV  CL, 4            ;温度值转换成十进制数
```

```
        ROR   AX, CL            ;整数在 AL,小数在 AH 的高 4 位
        MOV   BL, AH            ;小数暂存到 BL
        XOR   AH, AH

        THRES                   ;温度超限处理
    ;==转换整数部分====
        MOV   CL, 10
        DIV   CL
        MOV   [si+2],AH
        XOR   AH, AH
        DIV   CL
        MOV   [si+1],AH
        MOV   [si+0],AL
    ;==转换小数部分====
        SHL   BL, 1             ;2⁻¹位=1?
        JNC   N1
        ADD   BYTE PTR[si+3],5  ;小数+0.5(没有进位)
N1:     SHL   BL, 1             ;2⁻²位=1?
        JNC   N2
        ADD   BYTE PTR[si+4],5  ;小数+0.25(没有进位)
        ADD   BYTE PTR[si+3],2
N2:     SHL   BL, 1             ;2⁻³位=1?
        JNC   N3
        ADD   BYTE PTR[si+5],5  ;小数+0.125(没有进位)
        ADD   BYTE PTR[si+4],2
        ADD   BYTE PTR[si+3],1
N3:     SHL   BL, 1             ;2⁻⁴位=1?
        JNC   N4
        ADD   BYTE PTR[si+6],5  ;小数+0.0625
        ADD   BYTE PTR[si+5],2
        ADDC  BYTE PTR[si+4],6  ;十分位和百分位需考虑进位
        ADDC  BYTE PTR[si+3],0


;=======显示温度值==============================================
N4:     mov   cx, 2000          ;显示/采样比(2000:1)
mon:    clear                   ;显示符号位
        mov   al, sign
        disp  no_dot,loc1
        clear                   ;显示百位
        bin2seg7 [si+0]
        disp  no_dot,loc2
        clear                   ;显示十位
        bin2seg7 [si+1]
        disp  no_dot,loc3
        clear                   ;显示个位
        bin2seg7 [si+2]
        disp  with_dot,loc4
        loop  mon
        jmp   forever

;------------------------------------------------------------
;复位时序:连接总线并拉低→延时 720μs→释放总线→延时 60μs→读状态→延时 480μs
```

```
;===================================================================
init:    DQ_low
         delay 84                    ;(720-5.5)/8.5=84
         DQ_hi
         delay 6                     ;(60-5.5)/8.5=6
         mov dx,I8255_c
         in  al, dx                  ;从 C 端口第 0 位读入 DS18B20 状态
         and al, 1                   ;bit0=0 表示 DS18B20 存在,否则不存在
         mov stat, al
         delay 56                    ;(480-5.5)/8.5=56
         ret
;===================================================================
;写字节步骤:释放总线→延时 2μs→循环 8 次:输出字节最低位→字节右移 1 位
;写一位时序:连接总线并拉低→延时 10μs→写 0/1
;         写 0:延时 60μs→释放总线
;         写 1:释放总线→延时 60μs
;===================================================================
write_cmd:                           ;要写的字节在 BL 寄存器中
         DQ_hi
         mov cx, 8
wloop:   DQ_low
         delay10us
         test bl, 1                  ;从最低位开始输出
         jnz  write1
write0:  delay 6                     ;写 0,延迟 (60-5.5)/8.5=6
         DQ_hi
         jmp  wloop1
write1:  DQ_hi                       ;写 1
         delay 6                     ;(60-5.5)/8.5=6
wloop1:  shr  bl, 1
         loop wloop
         ret
;===================================================================
;读字节步骤:释放总线→延时 2μs→循环 8 次,每次读一位移入寄存器
;读一位时序:连接总线并拉低→延时 2μs→释放总线→延时 10μs→读入→延时 60μs
;===================================================================
read_tmp:
         mov  bl, 0                  ;读入的字节放在 BL 寄存器
         DQ_hi
         mov  cx, 8
rloop:   DQ_low
         nop
         DQ_hi
         delay10us
         mov  dx, I8255_c
         in   al, dx                 ;读入 DS18B20 状态
         and  al, 1                  ;保留最低位
         rcr  al, 1                  ;移到 CF 中
         rcr  bl, 1                  ;再从 CF 中移到 BL 中
         delay 6                     ;(60-5.5)/8.5=6
```

```
        loop rloop
        ret
;===============================================================
.data
    seg7  db 3fh,06h,5bh,4fh,66h,6dh,7dh,07h,7fh,6fh,77h,7ch,39h,5eh,79h,71h
    rdata db 91h,01h              ;读入的温度值(25度)
    tdata db 7 dup(0)             ;十进制温度值(xxx.xxxx),此程序未显示小数位
    sign  db 40h                  ;温度正负号的7段码(正号为0,负号为40h)
    stat  db 0                    ;DS18B20是否正常
    istat db 1                    ;当前指示灯状态
end
;===============================================================
```

输入完后,将源程序保存为 lab8.asm。

3. 仿真运行

(1) 设置仿真环境,8086 的时钟频率设置为 3MHz,其余同 14.1 节。
(2) 按 10.2 节所介绍方法添加源程序并进行编译。
(3) 单击温度传感器上的温度调节钮,观察数码管和指示灯的显示。

15.3.6　实验习题

(1) 修改电路和程序,增加对温度上下限进行设置并显示的功能。
(2) 修改电路和程序,用 8253 硬件延时代替程序中的软件延时。

15.3.7　实验报告要求

(1) 将绘制的实验电路原理图的屏幕截图粘贴到实验报告中。
(2) 将仿真运行的屏幕截图粘贴到实验报告中。
(3) 给出实验源程序和流程图,给出实验习题的电路原理图、源程序和仿真运行截图。
(4) 在实验中碰到的主要问题是什么? 你是如何解决的?
(5) 写出实验小结、体会和收获。

15.4　模拟接口典型设计案例

案例题目:炉温控制接口卡设计。

15.4.1　设计目标

(1) 进一步理解 D/A 和 A/D 转换器的工作原理。
(2) 掌握 D/A 和 A/D 转换器与可编程数字接口芯片的综合应用方法。

15.4.2　案例涉及的知识点和技能点

D/A 和 A/D 转换器应用,可编程并行 I/O 接口,汇编语言程序设计。

15.4.3　设计任务

利用 A/D 转换器将反映炉温的模拟信号转换为数字信息 x 后,通过可编程并行接口 8255 的 A 端口输入到计算机中进行 $f(x)$ 运算后,在经由 8255 的 B 端口输出,经过 D/A 转换为模拟信号,对炉温进行调节。

假设 8255 的接口地址为 378H~37BH。

15.4.4　任务分析

A/D 和 D/A 转换器芯片分别选择微机原理接口实验台上常用的 ADC0809 和 DAC0832。根据实验任务要求,使 8255 的 A 端口和 B 端口均工作于方式 0。由于只有一路模拟量输入,因此 ADC0809 无须送通道地址和地址锁存信号,其转换结束的判定可以采用中断、查询或延时的方法,由于上述实验中已多采用了软件延时的方式,这里选择采用查询判断的方法。

15.4.5　参考方案

1. 原理图设计

设计实验硬件线路图如图 15-5 所示。

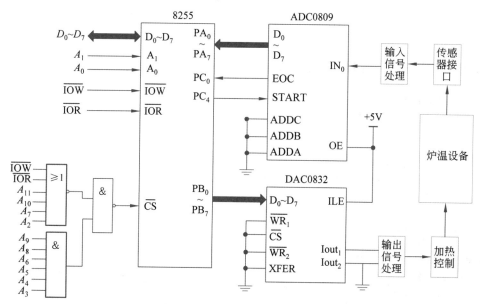

图 15-5　炉温控制实验原理图

2. 控制程序设计

软件控制包括 8255 的初始化子程序和数据采集和 D/A 控制主程序,图 15-6 为主程序流程图。

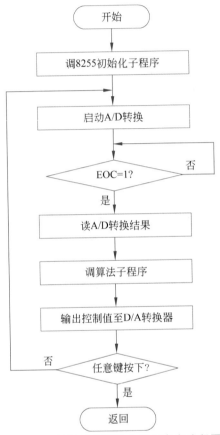

图 15-6 炉温控制实验主程序参考流程图

程序编写如下:(炉温控制子程序略)

```
;8255初始化子程序
INIT_8255  PROC NEAR
      MOV DX,37BH
      MOV AL,91H
      OUT DX,AL
      MOV AL,09H
      OUT DX,AL
      RET
INIT_8255  ENDP

;炉温控制接口卡控制程序
CSEG SEGMENT
    ASSUME CS:CSEG
START:  CALLINIT_8255
```

```
AGAIN:  MOV DX,37AH
        MOV AL,0
        OUT DX,AL
        NOP
WAIT1:  IN AL,DX
        AND AL,01H
        JZ WAIT1
        MOV DX,378H
        IN AL,DX
        MOV [SI],AL
        CALL FX
        MOV DX,379H
        OUT DX,AL
        MOV AH,1
        INT 16H
        JZ AGAIN
        MOV AH,4CH
        INT 21H
   CSEG ENDS
        END START
```

15.4.6 思考问题

若 A/D 转换结束后采用中断方式读取转换结果,该案例的软硬件设计应如何修改?

附录 A TD 简要使用说明

　　TD(即 td.exe)是一个具有窗口界面的程序调试器。利用 TD,用户能够调试已有的可执行程序(扩展名为 exe);用户也可以在 TD 中直接输入程序指令,编写简单的程序(在这种情况下,用户每输入一条指令,TD 就立即将输入的指令汇编成机器指令代码)。本书作为入门指导,下面简单介绍一下 TD 的使用方法,更详细深入的使用说明请参考相关资料。

1. TD 的启动

　　1) 在 DOS 窗口中启动 TD

　　(1) 仅启动 TD 而不载入要调试的程序。

　　转到 td.exe 所在目录(假定为 C:\MASM),在 DOS 提示符下键入以下命令(用户只需输入带下画线的部分,↙表示 Enter 键,下同):

```
C:\MASM>TD↙
```

　　用这种方法启动 TD,TD 会显示一个版权对话框,这时按 Enter 键即可关掉该对话框。

　　(2) 启动 TD 并同时载入要调试的程序。

　　转到 td.exe 所在目录,在 DOS 提示符下键入以下命令(假定要调试的程序名为 hello.exe):

```
C:\MASM>TD hello.exe↙
```

　　若建立可执行文件时未生成符号名表,TD 启动后会显示"Program has no symbol table"的提示窗口,这时按 Enter 键即可关掉该窗口。

　　2) 在 Windows 中启动 TD

　　(1) 仅启动 TD 而不载入要调试的程序。

　　双击 td.exe 文件名,Windows 就会打开一个 DOS 窗口并启动 TD。启动 TD 后会显示一个版权对话框,这时按 Enter 键即可关掉该对话框。

　　(2) 启动 TD 并同时载入要调试的程序。

　　把要调试的可执行文件拖到 td.exe 文件名上,Windows 就会打开一个 DOS 窗口并启动 TD,然后 TD 会把该可执行文件自动载入内存供用户调试。若建立可执行文件时未生成符号名表,TD 启动后会显示"Program has no symbol table"的提示窗口,这时按 Enter 键即可关掉该窗口。

2. TD 中的数制

TD 支持各种进位记数制,但通常情况下屏幕上显示的机器指令码、内存地址及内容、寄存器的内容等均按十六进制显示(注:数值后省略了 H)。在 TD 的很多操作中,需要用户输入一些数据、地址等,在输入时应遵循计算机中数的记数制标识规范:

十进制数后面加 D 或 d,如 119d、85d 等;

八进制数后面加 O 或 o,如 134o、77o 等;

二进制数后面加 B 或 b,如 10010001b 等;

十六进制数后面加 H 或 h,如 38h、0a5h、0ffh 等。

如果在输入的数后面没有用记数制标识字母来标识其记数制,TD 默认该数为十六进制数。但应注意,如果十六进制数的第一个数字为 a~f,则前面应加 0,以区别于符号和名字。

TD 允许在常数前面加上正负号。例如,十进制数的 -12 可以输入为 -12d,十六进制数的 -5a 可以输入为 -5ah,TD 自动会把输入的带正负号的数转换为十六进制补码数。只有一个例外,当数据区的显示格式为字节,若要修改存储单元的内容,则不允许用带有正负号的数,而只能手工转换成补码后再输入。

本实验指导书中所有的实验在输入程序或数据时,若没有特别说明,都可按十六进制数进行输入,若程序中需要输入负数,可按上述规则进行输入。

3. TD 的用户界面

1) CPU 窗口

TD 启动后呈现的是一个具有窗口形式的用户界面(如图 A-1 所示),称为 CPU 窗口。CPU 窗口显示了 CPU 和内存的整个状态。利用 CPU 窗口可以实现以下功能。

- 在代码区内使用嵌入汇编,输入指令或对程序进行临时性修改。
- 存取数据区中任何数据结构下的字节,并以多种格式显示或改变它们。
- 检查和改变寄存器(包括标志寄存器)的内容。

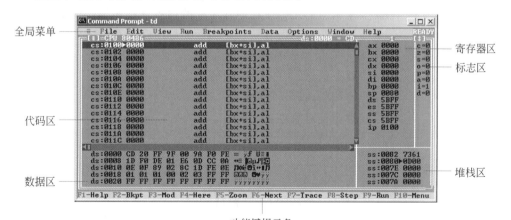

图 A-1 TD 的 CPU 窗口界面

CPU 窗口分为 5 个区域：代码区、寄存器区、标志区、数据区和堆栈区。

在 5 个区域中，光标所在区域称为当前区域，用户可以使用 Tab 键或 Shift＋Tab 键切换当前区域，也可以在相应区中单击鼠标左键选中某区域为当前区域。光标在各个区域中显示形式稍有不同，在代码区、寄存器区、标志区和堆栈区呈现为一个反白条，在数据区为下画线形状。

在图 A-1 中，CPU 窗口上边框的左边显示的是处理器的类型（8086、80286、80386、80486 等，对于 80486 以上的 CPU 均显示为 80486）。上边框的中间靠右处显示了当前指令所访问的内存单元的地址及内容。再往右的"1"表示此 CPU 窗口是第一个 CPU 窗口，TD 允许同时打开多个 CPU 窗口。

CPU 窗口中的代码区用于显示指令地址、指令的机器代码以及相应的汇编指令；寄存器区用于显示 CPU 寄存器当前的内容；标志区用于显示 CPU 的 8 个标志位当前的状态；数据区用于显示用户指定的一块内存区的数据（十六进制）；堆栈区用于显示堆栈当前的内容。

在代码区和堆栈区分别显示有一个特殊标志（▶），称为箭标。代码区中的箭标指示出当前程序指令的位置（CS:IP），堆栈区中的箭标指示出当前堆栈指针位置（SS:SP）。

2）全局菜单介绍

CPU 窗口的上面为 TD 的全局菜单条，可用"Alt 键＋菜单项首字符"打开菜单项对应的下拉子菜单。在子菜单中用↑、↓键选择所需的功能，按 Enter 键即可执行选择的功能。为简化操作，某些常用的子菜单项后标出了对应的快捷键。下面简单介绍一下常用的菜单命令，详细的说明情查阅相关资料。

（1）File 菜单——文件操作。

Open	载入可执行程序文件准备调试。
Change dir	改变当前目录。
Get info	显示被调试程序的信息。
DOS shell	执行 DOS 命令解释器（用 EXIT 命令退回到 TD）。
Quit	退出 TD（Alt＋X 键）。

（2）Edit 菜单——文本编辑。

Copy	复制当前光标所在内存单元的内容到粘贴板（Shift＋F3 键）。
Paste	把粘贴板的内容粘贴到当前光标所在内存单元（Shift＋F4 键）。

（3）View 菜单——打开一个信息查看窗口。

Breakpoints	断点信息。
Stack	堆栈段内容。
Watches	被监视对象信息。
Variables	变量信息。
Module	模块信息。
File	文件内容。
CPU	打开一个新的 CPU 窗口。
Dump	数据段内容。
Registers	寄存器内容。

（4）Run 菜单——执行。

Run	从 CS:IP 开始运行程序直到程序结束(F9 键)。
Go to cursor	从 CS:IP 开始运行程序到光标处(F4 键)。
Trace into	单步跟踪执行(对 CALL 指令将跟踪进入子程序)(F7 键)。
Step over	单步跟踪执行(对 CALL 指令将执行完子程序才停止)(F8 键)。
Execute to	执行到指定位置(Alt+F9 键)。
Until return	执行当前子程序直到退出(Alt+F8 键)。

(5) Breakpoints 菜单——断点功能。

Toggle	在当前光标处设置/清除断点(F2 键)。
At	在指定地址处设置断点(Alt+F2)键)。
Delete all	清除所有断点。

(6) Data 菜单——数据查看。

Inspector	打开观察器以查看指定的变量或表达式。
Evaluate/Modify	计算和显示表达式的值。
Add watch	增加一个新的表达式到观察器窗口。

(7) Option 菜单——杂项。

Display options	设置屏幕显示的外观。
Path for source	指定源文件查找目录。
Save options	保存当前选项。

Window 菜单——窗口操作。

Zoom	放大/还原当前窗口(F5 键)。
Next	转到下一窗口(F6 键)。
Next Pane	转到当前窗口的下一区域(Tab 键)。
Size/Move	改变窗口大小/移动窗口(Ctrl+F5 键)。
Close	关闭当前窗口(Alt+F3 键)。
User screen	查看用户程序的显示(Alt+F5 键)。

3) 功能键

菜单中的很多命令都可以使用功能键来简化操作。功能键分为 3 组:F1~F10 功能键,Alt+F1~Alt+F10 组合功能键以及 Ctrl 功能键(Ctrl 功能键实际上就是代码区的局部菜单)。CPU 窗口下面的提示条中显示了这 3 组功能键对应的功能。通常情况下提示条中显示的是 F1~F10 功能键的功能。按住 Alt 键不放,提示条中将显示 Alt+F1~Alt+F10 组合功能键的功能。按住 Ctrl 不放,提示条中将显示各 Ctrl 功能键的功能。表 A-1 列出了各功能键对应的功能。

表 A-1 各功能键对应的功能

功能键	功　能	功能键	功　能	功能键	功　能
F1	帮助	Alt+F1	帮助	Ctrl+G	定位到指定地址
F2	设/清断点	Alt+F2	设置断点	Ctrl+O	定位到 CS:IP
F3	查看模块	Alt+F3	关闭窗口	Ctrl+F	定位到指令目的地址

续表

功能键	功　能	功能键	功　能	功能键	功　能
F4	运行到光标	Alt＋F4	Undo 跟踪	Ctrl＋C	定位到调用者
F5	放大窗口	Alt＋F5	用户屏幕	Ctrl＋P	定位到前一个地址
F6	下一窗口	Alt＋F6	Undo 关窗	Ctrl＋S	查找指定的指令
F7	跟踪进入	Alt＋F7	指令跟踪	Ctrl＋V	查看源代码
F8	单步跟踪	Alt＋F8	跟踪到返回	Ctrl＋M	选择代码显示方式
F9	执行程序	Alt＋F9	执行到某处	Ctrl＋N	更新 CS:IP
F10	激活菜单	Alt＋F10	局部菜单		

4）局部菜单

TD 的 CPU 窗口中,每个区域都有一个局部菜单,局部菜单提供了对本区域进行操作的各个命令。在当前区域中按 Alt＋F10 组合功能键即可激活本区域的局部菜单。代码区、数据区、堆栈区和寄存器区的局部菜单见图 A-2～图 A-5 所示。标志区的局部菜单非常简单,故没有再给出其图示。对局部菜单中各个命令的解释将在下面几节中分别进行说明。

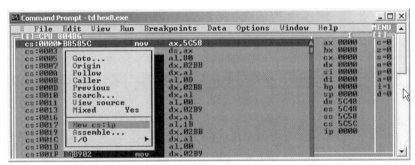

图 A-2　代码区的局部菜单

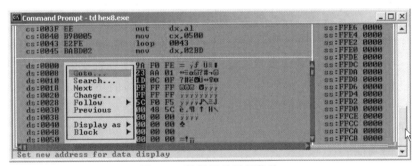

图 A-3　数据区的局部菜单

4. 代码区的操作

代码区用来显示代码(程序)的地址、代码的机器指令和代码的反汇编指令。本区中显示的反汇编指令依赖于所指定的程序起始地址。TD 自动反汇编代码区的机器代码并显示对应的汇编指令。

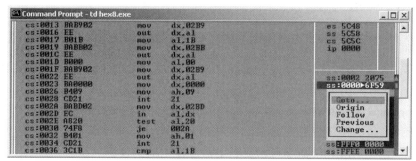

图 A-4 堆栈区的局部菜单

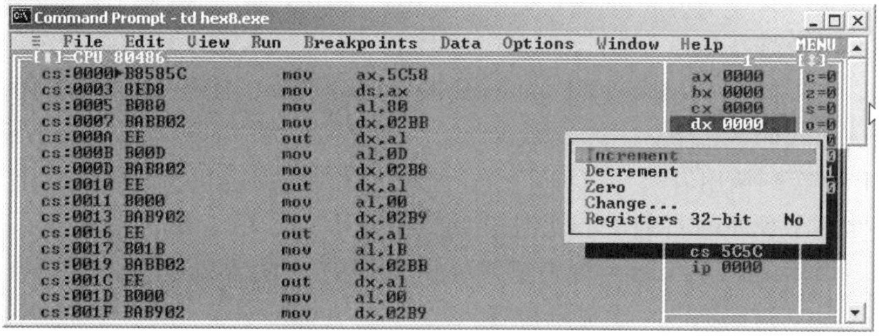

图 A-5 寄存器区的局部菜单

每条反汇编指令的最左端是其地址,如果段地址与 CS 段寄存器的内容相同,则只显示字母"CS"和偏移量(CS:YYYY),否则显示完整的十六进制的段地址和偏移地址(XXXX:YYYY)。地址与反汇编指令之间显示的是指令的机器码。如果代码区当前光标所在指令引用了一个内存单元地址,则该内存单元地址和内存单元的当前内容显示在 CPU 窗口顶部边框的右部,这样不仅可以看到指令操作码,还可看到指令要访问的内存单元的内容。

1) 输入并汇编一条指令

有时我们需要在代码区临时输入一些指令。TD 提供了即时汇编功能,允许用户在 TD 中直接输入指令(但直接输入的指令都是临时性的,不能保存到磁盘上)。直接输入指令的步骤如下。

(1) 使用方向键把光标移到期望的地址处。

(2) 打开指令编辑窗口。有两种方法:一是直接输入汇编指令,在输入汇编指令的同时屏幕上就会自动弹出指令的临时编辑窗口。二是激活代码区局部菜单(按 Alt+F10 组合键),选择其中的汇编命令,屏幕上也会自动弹出指令的临时编辑窗口。

(3) 在临时编辑窗口中输入/编辑指令,每输入完一条指令,按 Enter 键,输入的指令即可出现在光标处,同时光标自动下移一行,以便输入下一条指令。注意,临时编辑窗口中输入过的指令均可重复使用,只要在临时编辑窗口中用方向键把光标定位到所需的指令处,按 Enter 键即可。如果临时编辑窗口中没有完全相同的指令,但只要有相似的指令,就可对其进行编辑后重复使用。

2) 代码区局部菜单

当代码区为当前区域时(若代码区不是当前区域,可连续按 Tab 键或 Shift+Tab 组合键使代码区成为当前区域),按 Alt+F10 组合键即可激活代码区局部菜单,代码区局部菜单的外观如图 A-2 所示。

(1) Goto(转到指定位置)。

此命令可在代码区显示任意指定地址开始的指令序列。用户可以键入当前被调试程序以外的地址以检查 ROM、BIOS、DOS 及其他驻留程序。此命令要求用户提供要显示的代码起始地址。使用 Previous 命令可以恢复到本命令使用前的代码区位置。

(2) Origin(回到起始位置)。

从 CS:IP 指向的程序位置开始显示。在移动光标使屏幕滚动后想返回起始位置时可使用此命令。使用 Previous 命令可恢复到本命令使用前的代码区位置。

(3) Follow(追踪指令转移位置)。

从当前指令所要转向的目的地址处开始显示。使用本命令后,整个代码区从新地址处开始显示。对于条件转移指令(JE、JNZ、LOOP、JCXZ 等),无论条件满足与否,都能追踪到其目的地址。也可以对 CALL、JMP 及 INT 指令进行追踪。使用 Previous 命令可恢复到本命令使用前的代码区位置。

(4) Caller(转到调用者)。

从调用当前子程序的 CALL 指令处开始显示。本命令用于找出当前显示的子程序在何处被调用。使用 Previous 命令可恢复到本命令使用前的代码区位置。

(5) Previous(返回到前一次显示位置)。

如果上一条命令改变了显示地址,本命令能恢复上一条命令被使用前的显示地址。注意光标键、PgUp 键、PgDn 键不会改变显示地址。若重复使用本命令,则在当前显示地址和前一次显示地址之间切换。

(6) Search(搜索)。

本命令用于搜索指令或字节列表。注意,本命令只能搜索那些不改变内存内容的指令,如:

```
PUSH  DX
POP   [DI+4]
ADD   AX,100
```

若搜索以下指令可能会产生意想不到的结果:

```
JE    123
CALL  MYFUNC
LOOP  100
```

(7) View Source(查看源代码)。

本命令打开源模块窗口,显示与当前反汇编指令相应的源代码。如果代码区的指令序列没有源程序代码,则本命令不起作用。

(8) Mixed(混合)。

本命令用于选择指令与代码的显示方式,有 3 种选择:

• No 只显示反汇编指令,不显示源代码行。

• Yes 如当前模块为高级语言源模块,应使用此选择。源代码行被显示在第一条反汇编指令之前。

- Both 如当前模块为汇编语言源模块,应使用此选择。在有源代码行的地方就显示该源代码行,否则显示汇编指令。

(9) New CS:IP(设置 CS:IP 为当前指令行的地址)。

本命令把 CS:IP 设置为当前指令所在的地址,以便使程序从当前指令处开始执行。用这种方法可以执行任意一段指令序列,或者跳过那些不希望执行的程序段。注意,不要使用本命令把 CS:IP 设置为当前子程序以外的地址,否则有可能引起整个程序崩溃。

(10) Assemble(即时汇编)。

本命令可即时汇编一条指令,以代替当前行的那条指令。注意,若新汇编的指令与当前行的指令长度不同,其后面机器代码的反汇编显示会发生变化。

也可以直接在当前行处输入一条汇编指令来激活此命令。

I/O(输入输出)。

本命令用于对 I/O 端口进行读写。选择此命令后,会再弹出下一级子菜单,如图 A-6 所示。子菜单中的命令解释如下:

- **In byte**(输入字节):用于从 I/O 端口输入一个字节。用户需提供端口地址。
- **Out byte**(输出字节):用于往 I/O 端口输出一个字节。用户需提供端口地址。
- **Read word**(输入字):用于从 I/O 端口输入一个字。用户需提供端口地址。
- **Write word**(输出字):用于往 I/O 端口输出一个字。用户需提供端口地址。

图 A-6　输入输出子菜单

5. 寄存器区和标志区的操作

寄存器区显示了CPU各寄存器的当前内容。标志区显示了8个CPU标志位的当前状态,表 A-2 列出了各标志位在该区的缩写字母及名称。

表 A-2　标志区中各标志的编写字母及名称

标志区字母	标志位名称
c	进位(Carry)
z	全零(Zero)

续表

标志区字母	标志位名称
s	符号(Sign)
o	溢出(Overflow)
p	奇偶(Parity)
a	辅助进位(Auxiliary carry)
i	中断允许(Interrupt enable)
d	方向(Direction)

1) 寄存器区局部菜单

当寄存器区为当前区域时(若寄存器区不是当前区域,可连续按 Tab 键或 Shift＋Tab 组合键使寄存器区成为当前区域),按 Alt＋F10 组合键即可激活寄存器区局部菜单,寄存器区局部菜单的外观见图 A-5。各菜单项的功能如下。

- **Increment(加 1)**: 本命令用于把当前寄存器的内容加 1。
- **Decrement(减 1)**: 本命令用于把当前寄存器的内容减 1。
- **Zero(清零)**: 本命令用于把当前寄存器的内容清零。
- **Change(修改)**: 本命令用于修改当前寄存器的内容。选择此命令后,屏幕上会弹出一个输入框。在输入框中键入新值并按 Enter 键后,该新值将取代原来该寄存器的内容。

  当然,修改寄存器的内容还有一个更简单的变通方法,即把光标移到所需的寄存器上,然后直接键入新的值。
- **Register 32bit(32 位寄存器)**: 按 32 位格式显示 CPU 寄存器的内容(默认为 16 位格式)。在 286 以下的 CPU 或实方式时只需使用 16 位显示格式即可。

2) 修改标志位的内容

用局部菜单的命令修改标志位的内容比较烦琐。实际上只要把光标定位到要修改的标志位上按 Enter 键或空格键即可使标志位的值在 0、1 之间变化。

6. 数据区的操作

数据区显示了从指定地址开始的内存单元的内容。每行左边按十六进制显示段地址和偏移地址(XXXX:YYYY)。若段地址与当前 DS 寄存器内容相同,则显示 DS 和偏移量(DS:YYYY)。地址的右边根据"Display as"局部菜单命令所设置的格式显示一个或多个数据项。对字节(Byte)格式,每行显示 8 字节;对字(Word)格式,每行显示 4 个字;对浮点(Comp、Float、Real、Double、Extended)格式,每行显示 1 个浮点数;对长字(Long)格式,每行显示 2 个长字。

当以字节方式显示数据时,每行的最右边显示相应的 ASCII 码字符,TD 能显示所有字节值所对应的 ASCII 码字符。

1) 显示/修改数据区的内容

在默认的情况下,TD 在数据区显示的是从当前指令所访问的内存地址开始的存储区域内容。但用户也可用局部菜单中的 Goto 命令显示任意指定地址开始的内存区域的内容。TD 还提供了让用户修改存储单元内容的功能,用户可以很方便地把任意一个内存单元的内容修改成所期望的值。但要注意,若修改了系统使用的内存区域,将会产生不可预料的结果,甚至会导致系统崩溃。修改内存单元内容的步骤如下。

(1) 使用局部菜单中的 Goto 命令并结合方向键把光标移到期望的地址单元处(注意,数据区的光标是一个下画线)。

(2) 打开数据编辑窗口。有两种方法:一是直接输入数据,在输入数据的同时屏幕上就会自动弹出数据编辑窗口;二是激活数据区局部菜单,选择其中的 Change 命令,屏幕上也会弹出数据编辑窗口。

(3) 在数据编辑窗口中输入所需的数据,输入完成后,按 Enter 键,输入的数据就会替代光标处的原始数据。注意,数据编辑窗口中输入过的数据均可重复使用,只要在数据编辑窗口中用方向键把光标定位到所需的数据处,按 Enter 键即可。

2) 数据区局部菜单

当数据区为当前区域时(若数据区不是当前区域,可连续按 Tab 键或 Shift+Tab 组合键使数据区成为当前区域),与其他区域一样,在数据区同样是通过按 Alt+F10 组合键来激活数据区局部菜单,数据区局部菜单的外观如图 A-3 所示,下面给出各菜单项的功能描述。

(1) Goto(转到指定位置)。

此命令可把任意指定地址开始的存储区域的内容显示在 CPU 窗口的数据区中。除了可以显示用户程序的数据区外,还可以显示 BIOS 区、DOS 区、驻留程序区或用户程序外的任一地址区域。此命令要求用户提供要显示的起始地址。

(2) Search(搜索)。

此命令允许用户从光标所指的内存地址开始搜索一个特定的字节串。用户必须输入一个要搜索的字节列表。搜索从低地址向高地址进行。

(3) Next(下一个)。

搜索下一个匹配的字节串(由 Search 命令指定的)。

(4) Change(修改)。

本命令用于修改当前光标处的存储单元的内容。选择此命令后,屏幕上会弹出一个输入框,在输入框中键入新的值,然后按 Enter 键,这个新的值就会取代原来该单元的内容。

修改存储单元的内容还有一个更简单的方法,即把光标移到所要求的存储单元位置上,然后直接键入新的值。

(5) Follow(遍历)。

本命令可以根据存储单元的内容转到相应地址处并显示其内容(即把当前存储单元的内容当作一个内存地址看待)。此命令有下一级子菜单,如图 A-7 所示。子菜单中的命令解释如下。

- **Near code**(代码区近跳转):本子菜单命令将数据区中光标所指的一个字作为当前代码段的新的偏移量,使代码区定位到新地址处并显示新内容。
- **Far code**(代码区远跳转):本子菜单命令将数据区中光标所指的一个双字作为新地址(段值和偏移量),使代码区定位到新地址处并显示新内容。
- **Offset to data**(数据区近跳转):本子菜单命令将光标所指的一个字作为数据区的新

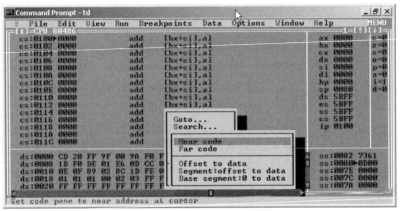

图 A-7　遍历子菜单

的偏移量,使数据区定位到以该字为偏移量的新地址处并显示。

- **Segment:Offset to data**(数据区远跳转):本子菜单命令将光标所指的一个双字作为数据区的新的起始地址,使数据区定位到以该双字为起始地址的位置并显示。
- **Base segment:0 to data**(数据区新段):本子菜单命令将光标所指的一个字作为数据段的新段值,使数据区定位到以该字为段址,以 0 为偏移量的位置并显示。

(6) Previous(返回到前一次显示位置)。

即把数据区恢复到上一条命令使用前的地址处显示。上一条命令如果确实修改了显示地址(如 Goto 命令),本命令才有效。注意,光标键、PgUp 键、PgDn 键并不能修改显示起始地址。

TD 在堆栈中保存了最近用过的 5 个显示起始地址,所以多次使用了 Follow 命令或 Goto 命令后,本命令仍能让用户返回到最初的显示起始位置。

(7) Display as(显示方式)。

本命令用于选择数据区的数据显示格式。共有 8 种格式,描述如下。

- **Byte**:按字节(十六进制)进行显示。
- **Word**:按字(十六进制)进行显示。
- **Long**:按长整型数(十六进制)进行显示。
- **Comp**:按 8 字节整数(十进制)进行显示。
- **Float**:按短浮点数(科学计数法)进行显示。
- **Real**:按 6 字节浮点数(科学计数法)进行显示。
- **Double**:按 8 字节浮点数(科学计数法)进行显示。
- **Extended**:按 10 字节浮点数(科学计数法)进行显示。

(8) Block(块操作)。

本命令用于进行内存块的操作,包括移动、清除和设置内存块初值、从磁盘中读内容到内存块或写内存块内容到磁盘中。本命令有下一级子菜单,如图 A-8 所示。子菜单中的命令解释如下。

- **Clear**(块清零):把整个内存块的内容全部清零,要求输入块的起始地址和块的字节数。

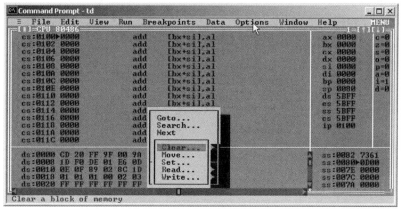

图 A-8 内存块操作子菜单

- **Move**(块移动)：把一个内存块的内容复制到另一个内存块。要求输入源块起始地址、目标块起始地址和源块的字节数。
- **Set**(块初始化)：把整个内存块内容设置为指定的同一个值。要求输入起始地址、块的字节数和所要设置的值。
- **Read**(读取)：读文件内容到内存块中。要求输入文件名、内存块起始地址和要读的字节数。
- **Write**(写入)：写内存块内容到文件中。要求输入文件名、内存块起始地址和要写的字节数。

7. 堆栈区的操作

当堆栈区为当前区域时(若堆栈区不是当前区域，可连续按 Tab 键或 Shift＋Tab 组合键使堆栈区成为当前区域)，按 Alt＋F10 组合键即可激活堆栈区局部菜单，堆栈区局部菜单的外观如图 A-4 所示。堆栈区局部菜单中各菜单项的功能与数据区局部菜单的同名功能完全一样，只是其操作对象为堆栈区，故此不再赘述。

8. TD 使用入门的 10 个怎么办

1) 如何载入被调试程序

(1) 方法 1：转到 td.exe 所在目录，在 DOS 提示符下键入以下命令：

```
C:\MASM> TD↙
```

进入 TD 后，按 Alt＋F 组合键打开 File 菜单，选择 Open，在文件对话框中输入要调试的程序名，按 Enter 键。

(2) 方法 2：转到 td.exe 所在目录，在 DOS 提示符下键入以下命令(假定要调试的程序名为 hello.exe)：

```
C:\MASM>td  hello.exe↙
```

(3) 方法 3：在 Windows 操作系统中，打开 td.exe 所在目录，把要调试的程序图标拖放到 TD 的图标上。

2) 如何输入(修改)汇编指令

(1) 用 Tab 键选择代码区为当前区域。

(2) 用方向键把光标移到期望的地址处,如果是输入一个新的程序段,建议把光标移到 CS:0100H 处。

(3) 打开指令编辑窗口,有以下两种方法。

一是在光标处直接键入汇编指令,在输入汇编指令的同时屏幕上就会自动弹出指令的临时编辑窗口。

二是用 Alt+F10 组合键激活代码区局部菜单,选择其中的汇编命令,屏幕上也会自动弹出指令的临时编辑窗口。

(4) 在临时编辑窗口中输入/编辑指令,每输入完一条指令,按 Enter 键,输入的指令即可出现在光标处(替换掉原来的指令),同时光标自动下移一行,以便输入下一条指令。

3) 如何查看/修改数据段的数据

(1) 用 Tab 键选择数据区为当前区域。

(2) 使用局部菜单中的 Goto 命令并结合方向键把光标移到地址单元处(注意数据区的光标是一个下画线),数据区就从该地址处显示内存单元的内容。

(3) 若要修改该地址处的内容,则需打开数据编辑窗口。有以下两种方法。

一是在光标处直接输入数据,在输入数据的同时屏幕上就会自动弹出数据编辑窗口。

二是用 Alt+F10 组合键激活数据区局部菜单,选择其中的 Change 命令,屏幕上也会弹出数据编辑窗口。

(4) 在数据编辑窗口中输入所需的数据,输入完后,按 Enter 键,输入的数据就会替代光标处的原始数据。

4) 如何修改寄存器内容

(1) 用 Tab 键选择寄存器区为当前区域。

(2) 用方向键把光标移到要修改的寄存器上。

(3) 打开编辑输入窗口。有以下两种方法。

一是在光标处直接输入所需的值,在输入的同时屏幕上就会自动弹出编辑输入窗口。

二是用 Alt+F10 组合键激活寄存器区局部菜单,选择其中的 Change 命令,屏幕上也会弹出编辑输入窗口。

(4) 在编辑输入框中键入所需的值,然后按 Enter 键,这个新的值就会取代原来该寄存器的内容。

5) 如何修改标志位内容

(1) 用 Tab 键选择标志区为当前区域。

(2) 用方向键把光标移到要修改的标志位上。

(3) 按 Enter 键或空格键即可使标志位的值在 0 和 1 之间变化。

6) 如何指定程序的起始执行地址

方法一:

(1) 用 Tab 键选择代码区为当前区域。

(2) 用 Alt+F10 组合键激活代码区局部菜单,选择局部菜单中的 New CS:IP 命令。

方法二：

（1）用 Tab 键选择寄存器区为当前区域。

（2）用方向键把光标移到 CS 寄存器上，输入程序起始地址的段地址。

（3）用方向键把光标移到 IP 寄存器上，输入程序起始地址的偏移量。

7）如何单步跟踪程序的执行

（1）用上述第 6 条中的方法首先指定程序的起始执行地址。

（2）按 F7 或 F8 键，每次将只执行一条指令。

注意：若当前执行的指令是 CALL 指令，则按 F7 键将跟踪进入被调用的子程序，而按 F8 键则把 CALL 指令及其调用的子程序当作一条完整的指令，要执行完子程序才停在 CALL 指令的下一条指令上。

8）如何只执行程序的某一部分指令

方法一：用设置断点的方法。

（1）用上述第 6 条中的方法首先指定程序的起始执行地址。

（2）用方向键把光标移到要执行的程序段的最后一条指令的下一条指令上（注意，不能移到最后一条指令上，否则最后一条指令将不会被执行），按 F2 键设置断点。也可按 Alt＋F2 组合键，然后在弹出的输入窗口中输入断点地址。

（3）按 F9 键执行，程序将会停在所设置的断点处。

方法二：用"运行程序到光标处"的方法。

（1）用上述第 6 条中的方法首先指定程序的起始执行地址。

（2）用方向键把光标移到要执行的程序段的最后一条指令的下一条指令上（注意，不能移到最后一条指令上，否则最后一条指令将不会被执行）。

（3）按 F4 键执行程序，程序将会执行到光标处停下。

方法三：用"执行到指定位置"的方法。

（1）用上述第 6 条中的方法首先指定程序的起始执行地址。

（2）按 Alt＋F9 组合键，在弹出的输入窗口中输入要停止的地址（即要停在哪条指令上，就输入哪条指令的地址），按 Enter 键，程序将会执行到指定位置处停下。

9）如何查看被调试程序的显示输出

按 Alt＋F5 组合键可查看被调试程序的显示输出。

10）如何在 Windows 2000 中把 TD 的窗口设置得大一些

按 Alt＋O 组合键，在下拉菜单中选择 Display options 项，在弹出的对话框中，用 Tab 键选 Screen lines 选项，用←、→键选中"43/50"，按 Enter 键，然后按 F5 键，使 CPU 窗口充满 TD 窗口。

图书资源支持

感谢您一直以来对清华版图书的支持和爱护。为了配合本书的使用,本书提供配套的资源,有需求的读者请扫描下方的"书圈"微信公众号二维码,在图书专区下载,也可以拨打电话或发送电子邮件咨询。

如果您在使用本书的过程中遇到了什么问题,或者有相关图书出版计划,也请您发邮件告诉我们,以便我们更好地为您服务。

我们的联系方式:

地　　址:北京市海淀区双清路学研大厦 A 座 714

邮　　编:100084

电　　话:010-83470236　010-83470237

客服邮箱:2301891038@qq.com

QQ:2301891038(请写明您的单位和姓名)

资源下载:关注公众号"书圈"下载配套资源。

资源下载、样书申请

图书案例

书 圈

清华计算机学堂

观看课程直播